파스퇴르가 들려주는 저온 살균 이야기

파스퇴르가 들려주는 저온 살균 이야기

초 판 1쇄 발행일 | 2006년 1월 19일
개정판 1쇄 발행일 | 2010년 9월 1일
개정판 11쇄 발행일 | 2021년 5월 31일

지은이 | 이재열
펴낸이 | 정은영
펴낸곳 | (주)자음과모음

출판등록 | 2001년 11월 28일 제2001-000259호
주 소 | 04047 서울시 마포구 양화로6길 49
전 화 | 편집부 (02)324-2347, 경영지원부 (02)325-6047
팩 스 | 편집부 (02)324-2348, 경영지원부 (02)2648-1311
e-mail | jamoteen@jamobook.com

ISBN 978-89-544-2077-8 (44400)

파스퇴르가 들려주는 저온 살균 이야기

| 이재열 지음 |

(주)자음과모음

| 책머리에 |

파스퇴르를 꿈꾸는 청소년들을 위한 '저온 살균' 이야기

파스퇴르는 미생물학을 크게 발전시킨 과학자입니다. 눈에 보이지도 않는 아주 작은 미생물을 이용하여 그는 어떤 실험을 어떻게 했을까요? 그리고 실험을 하고 난 다음에 어떠한 사실을 알게 되었으며, 새로운 사실을 발견한 뒤 어떻게 학문을 발전시킬 수 있었을까요?

이제 우리는 이 책을 읽으면서 파스퇴르가 어떤 실험을 어떻게 했는지 그의 생각을 함께 따라가 볼 것입니다.

파스퇴르 하면 많은 사람들은 우유를 떠올립니다. 하지만 파스퇴르를 조금이라도 아는 사람이라면 우리에게 해가 되는 전염병을 퇴치하는 데 중요한 일을 한 유명한 의학자로 생각할 것입니다. 파스퇴르는 누에병에서부터 탄저병, 닭콜레라, 광견병 등의 원인과 치료를 위해 큰 업적을 남겼기 때문입니다.

그렇지만 파스퇴르의 업적을 곰곰이 따져 보면 병원 미생물에 대한 연구 이전에 일상생활 속에서 이용되고 있는 실용적인 미생물을 대상으로 근본 원리를 찾아낸 미생물학자라고 이해하는 편이 더 알맞을 것입니다. 파스퇴르는 의학적인 업적 이전에 미생물학의 원리를 먼저 찾아내었고, 이것을 생활에 이용할 수 있도록 개발하여 많은 사람들이 혜택을 누릴 수 있게 해 주었습니다.

이 책에는 파스퇴르가 의학자로서가 아닌 미생물학자로서 과학적인 생각을 어떻게 발전시켰고, 그러한 지식을 이용하여 어떤 기술을 개발했는지에 대한 내용 등이 담겨 있습니다.

파스퇴르의 드러난 업적을 살펴보는 것도 물론 중요한 일입니다. 그렇지만 그러한 생각을 한 파스퇴르의 정신을 느끼고 본받아 우리 모두가 스스로 나아갈 바를 정리할 수 있기를 바라는 마음이 더욱 간절합니다.

이 재 열

차례

부록

첫 번째 수업

1

화학에서 미생물학으로

'미생물학의 창시자' 라고 불리는 파스퇴르는
어떻게 과학적인 생각을 발전시켰는지 알아봅시다.

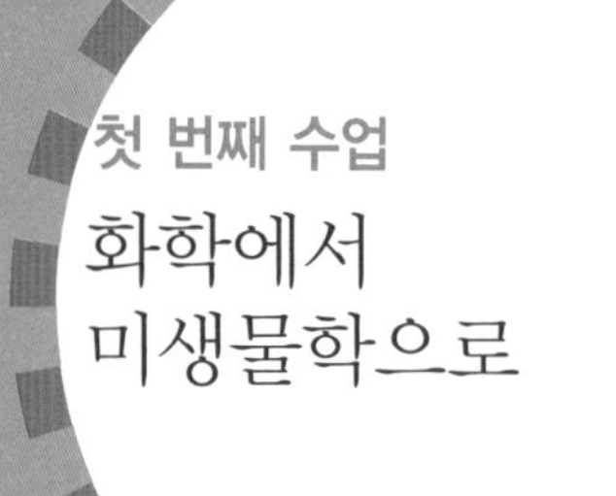

첫 번째 수업

화학에서 미생물학으로

교과 연계

초등 과학 5-1	9. 작은 생물
초등 과학 5-2	1. 환경과 생물
고등 과학 1	4. 생명
고등 생물 I	4. 호흡
고등 생물 II	2. 물질대사

파스퇴르가 자신을 소개하며 첫 번째 수업을 시작했다.

나는 '미생물학의 창시자'라고 할 만큼 미생물의 여러 분야에 대해서 깊이 있게 연구한 학자로 널리 알려져 있습니다. 그러기에 많은 사람들은 나를 당연히 미생물학 분야의 학자로 알고 있으며, 처음부터 미생물을 연구하였을 것이라고 넘겨짚는 경우가 많습니다. 그러나 나에 대해 조금만 자세히 살펴보면, 내가 처음에는 미생물학자가 아니라 화학자로서의 길을 걸었다는 것을 알 수 있습니다.

물론 내가 미생물학이 아닌 화학 분야에 첫발을 내딛었다는 것은 당시의 시대 상황을 살펴보면 어느 정도 그럴 수밖에

없었다고 이해할 수도 있습니다. 당시에는 미생물학에 대한 연구가 극히 미미한 정도였습니다. 미생물의 존재는 1683년에야 비로소 레이우엔훅(Leeuwenhoek, 1632~1723)이 현미경으로 확인하였지만, 그 역시 미생물이 어떤 성질을 가진 것인지는 자세히 알지 못했고, 그 후 약 100년이 지난 1780년에 스팔란차니(Spallanzani, 1729~1799)가 자기보다 앞서 레디가 실험한 내용을 보완하면서 미생물에 열을 가하면 파괴할 수 있다는 사실을 이야기했답니다. 그렇지만 많은 사람들이 이에 대해 큰 관심을 기울이지 않았고, 오히려 말도 안 된다고 무시해 버리던 시절이었습니다.

백조목 플라스크로 실험을 하다

그 이후로 또 100년 정도가 지난 1861년이 되어서야 비로소 내가 그 유명한 백조목 플라스크를 이용한 자연 발생 부정 실험을 함으로써 미생물에 대한 관심이 고조되었을 뿐만 아니라 생명체의 근원에 대한 의문까지 다시 한번 생각하게 되었답니다. 내가 미생물을 이용해 자연 발생을 부정하는 실험을 성공할 때까지는 자연 과학에서 중심을 이루고 있었던 학

백조목 플라스크를 들고 실험하는 파스퇴르

문 분야는 아무래도 물리학이었습니다. 그것은 만물의 움직임에 의문을 가졌던 많은 사람들이 하늘은 물론 지구에서의 모든 물체가 어떻게 힘을 발휘하는지에 대해서 깊은 관심을 기울였기 때문입니다.

그리고 힘과 물체의 움직임을 이해하려는 물리학의 발전에 뒤이어 사람들은 이제 자연 과학 분야에서도 생물학과 화학 분야에 대해서 많은 관심을 기울이기 시작하였습니다. 이러

한 과학의 시대적 흐름에 따라 많은 학자들이 화학 분야에 대한 연구에 힘을 쏟기 시작하였습니다. 그래서 많은 학자들은 자연스레 과학으로서 화학 분야에 헌신하는 경향이 아주 강했답니다.

바로 이 시기에 나도 학자로서 연구의 첫발을 내딛었습니다. 그러기에 나는 시대의 흐름을 좇아 화학에 관심을 보였으며, 또한 지도 교수와 선배들의 권유에 따라 화학 분야에서 연구를 시작하였던 것입니다.

그렇지만 시간이 흐를수록 나는 생물체들이 나타내는 생명 현상에 점점 더 많은 관심을 기울이기 시작하였습니다. 그저 단순한 관심이나 호기심만으로 그치지 않았고, 내가 생각하는 방향으로 조금씩이나마 연구 분야를 확장시켜 밀고 나갔습니다. 물론 나는 맨 처음 학문의 바탕을 세웠던 화학 분야에서 출발하였지만, 거기에서 멈추지 않고 생명 현상을 해석하는 방향으로 나의 연구와 생각의 폭을 넓혀 나갔던 것입니다.

내가 뜻을 세우고 나아간 학문의 방향을 생각한다면 '화학에서 미생물학으로'라고 말해도 무리는 아닐 것입니다. 내가 연구를 시작할 당시에는 화학 분야에 대한 연구가 힘을 얻고 있었기에 처음에는 물체의 이성질체에 대한 연구를 시작하였습니다. 그렇지만 나는 이성질체 연구를 바탕으로 조금씩 연구의 폭을 넓혀 나중에는 생명 물질이라 할 수 있는 유기물에 대한 연구로 확장시켜 나갔던 것입니다.

그래서 내가 연구한 중심 과제를 간단히 줄여서 말하자면 '결정에서 발효로'라고 할 수 있습니다. 그야말로 이성질체라는 결정에 대한 화학 분야의 연구로부터 시작하여 발효 과정을 일으키는 효모라는 미생물에 관한 연구에 이르기까지 연구 영역을 크게 넓혔다고 말할 수 있습니다.

결정에서 발효로 건너가다

나는 처음에 파리의 동쪽에 위치한 스트라스부르에서 결정학에 관한 연구를 무척 어렵게 수행하였습니다. 그러다가 서른두 살이던 1854년에는 프랑스 북부에 새로 생긴 릴 대학교 화학과 교수직과 과학 대학의 학장을 동시에 맡게 되었습니다. 그때까지만 해도 나는 실제적인 문제에 대해서는 큰 관심을 쏟지 않았고, 순수하게 이론적인 과학자에 속했답니다.

그렇지만 지역 산업을 위해서도 적극적으로 실제적인 문제에 흥미를 가져야만 했었습니다. 바로 이때 나는 대학 교육

으로 화학을 가르치는 것만이 아니라 산업에 응용할 수 있는 화학을 가르쳐야 한다는 생각을 갖게 되었답니다.

내가 교육과 함께 연구를 병행해야 한다고 생각하던 당시에는 많은 사람들이 과학에 대한 생각을 달리하였습니다. 오늘날처럼 '순수 과학의 성공을 위해 응용과학에 전념해야 한다'는 생각을 하는 사람들이 그리 많지 않았습니다. 그러나 나는 과학이라는 테두리 안에서는 모든 것이 가능하다는 생각을 하였습니다. 즉, '서로 다른 두 종류의 과학이 있는 것이 아니라, 과학이 있고 그 과학의 응용이 있을 뿐'이라고 생각했습니다. 이들 2가지 과학의 형태가 끊임없이 상호 작용을 하면서 서로 영향을 주기 때문에 한 가지 형태가 다른 것과 관련 없이는 크게 발전할 수는 없다는 것이 나의 생각입니다.

과학의 발전은 말만으로는 소용이 없는 것입니다. 그래서 나는 릴에 도착하고서 한 해 동안 지역의 주요 산업인 알코올 발효라는 실제적인 문제에 관심을 기울였습니다. 그러고는 곧 내가 생각한 의문점을 해결하는 데 필요한 과학적인 단서를 찾아내어 그 새로운 지식을 생산 과정에 적용하여 작업을 개선할 수 있었습니다.

살아 있는 '발효제'를 보다

내가 발효에 대한 실험을 한 것은 릴에 도착한 뒤 얼마 되지 않은 1856년이었습니다. 같은 도시에서 당분이 들어 있는 사탕무 주스를 발효시켜 알코올(에틸알코올 혹은 에탄올이라고도 부름)을 생산하는 사업가인 비고 씨가 나에게 도움을 청했답니다. 비고 씨는 이제까지 원인을 알 수 없는 이유로 알코올이 발효 과정에서 바람직하지 않는 물질로 오염되는 경우가 많다고 했습니다. 비고 씨의 이야기는 당을 발효시켜 포도주를 생산하는데, 어느 날부터인가 발효 공정이 잘못되어 알코올에서 신맛이 나면서 포도주 품질이 떨어진다는 것이었습니다.

그때까지 나는 알코올 발효라는 문제와 전혀 친숙하지 않았지만, 그 문제를 연구하는 데 동의하였습니다. 그래서 자주 공장을 찾아가 모든 과정을 살펴보았고, 발효 과정의 주스 시료를 실험실로 가져와 여러 가지 실험을 하였습니다.

우선 다른 실험에서 했던 것처럼 현미경으로 자세히 관찰하였습니다. 그리고 내가 볼 수 있었던 모든 것에 대해 그림을 더해 정확히 기록하였습니다. 이미 나 이전에 실험했던 학자들이 보았던 것과 마찬가지로 나 역시 발효 과정의 주스

에서 특별히 나타나는 효모 소구체를 확인할 수 있었습니다. 그런데 나는 소구체 외에도 효모와 구별되는 더 작은 다른 구조물도 발견하였습니다. 이러한 결과로부터 효모 이외의 다른 미생물이 발효 과정에서 알코올 대신에 다른 유기산을 만들어 내었다는 사실을 밝혀내었습니다.

또한 편광계로 발효 주스를 검사해 본 결과 시료에는 편광 평면을 회전할 수 있는 광학적으로 활성이 있는 물질이 들어 있다는 것도 발견하였습니다. 내가 사탕무를 발효시킨 주스에서 분리하였던 광학 활성을 가진 물질 가운데 한 가지는 아밀알코올이었습니다. 광학 활성 물질을 찾아낸 나는 이전의 연구에서 내가 생각했던 한 가지 사실을 떠올렸답니다.

그것은 살아 있는 생물체들만이 광학적으로 활성을 가진 유기 화합물을 생산할 수 있을 것이라는 생각이었습니다. 나는 오랫동안 화학 분야에서 실험했던 경험을 바탕으로 그 생각을 떠올렸으며, 나중에 이어지는 생물학 연구에서는 두 분야가 서로 연결되도록 맺어 줄 수 있었습니다. 내가 아밀알코올을 찾아낸 후에 생각한 것은 바로 '발효의 특성은 단지 화학적인 것만이 아니라 살아 있는 것들의 활동, 즉 미생물의 발효로부터 비롯되었다'는 것입니다.

발효의 특성을 찾다

'살아 있는 미생물의 발효에 의해 화학 물질이 만들어진다'는 나의 생각은 당시로서는 상당한 논란을 일으키기에 충분하였습니다. 왜냐하면 당시 일반적으로 알려진 알코올 발효에서 보더라도 발효 뒤에는 항상 효모라는 꼬리표가 따라다녔기 때문입니다. 또한 현미경으로 보는 효모는 소구체 모양을 하고 있었으며, 효모는 하나의 복잡한 화학 물질에 불과하기에 당(당분)이 알코올로 바뀌는 곳에서 촉매처럼 작용하는 것이라고 알고 있었기 때문입니다.

다시 말해서 당이 젖산으로 변하거나 알코올이 아세트산으로 바뀌는 것은 모두가 화학적인 변화로서 촉매처럼 작용하는 화학적 접촉에 따른 것이라는 생각이 일반적이었습니다. 이러한 생각은 당시에 유명했던 스웨덴의 화학자 베르셀리우스(Jöns Jakob Berzelius, 1779~1848)와 독일의 화학자 리비히(Justus von Liebig, 1803~1873) 같은 학자들도 모두 그렇게 믿고 있었습니다.

내가 제안한 내용은 알코올 발효에서 알려진 효모를 비롯하여 젖산이나 아세트산을 만드는 것들이 모두가 생명이 없는 촉매가 아니라 실제로 살아 있다는 것이었습니다. 그리고

이러한 살아 있는 것을 위한 음식이 유기 물질이고, 이들이 진행하는 대사 작용의 결과로 특정한 산물이 생성되는 것이라고 말하였습니다. 그러기에 이제까지는 순수한 화학적 작용이라고만 생각했던 많은 현상들이 나의 의견에 따르면 생물학적 작용이 원인이었습니다.

이렇게 해서 알코올이나 유기산을 만드는 모든 발효 과정이 특정한 효모와 세균 활동의 영향이라는 것을 알게 되었고, 1857~1860년 발효에 관한 여러 편의 논문을 발표하였습니다. 만약 내 의견이 단순한 생각으로만 그쳐 버리고 실험으로 증명되지 않았더라면, 그저 한 번 반짝 빛나고 만 잠시 동안의 생각이었을 것입니다. 그러나 운이 좋았던지 내 의견을 가설로 바꿀 수 있었고, 이를 실험으로 증명하기까지 하였습니다.

미생물학을 시작하다

이제까지 많은 학자들이 알고 있던 내용과 달리 내가 제안한 '발효는 미생물에 의해 일어나는 생리 현상이다'는 내용을 증명하기 위해서라면 얼마든지 여러 가지 증거를 제시할 수 있습니다. 여러 증거들 가운데에서 가장 흔한 예로는 포도당 한 분자가 두 분자의 젖산으로 바뀌는 경우를 꼽을 수 있습니다. 이러한 변화는 우리가 아무 때나 마시는 우유를 잘못 보관하면 상하는 현상에서 쉽게 찾아볼 수 있습니다. 이것은 우리 생활 속에서 가장 분명하고도 단순하며 또한 손쉽게 찾아볼 수 있는 우유의 생화학적인 변화라고 할 수 있습니다.

나는 살아 있는 생명체의 생리 현상인 발효 반응을 보여 주기 위해 젖산 발효와 알코올 발효의 예를 이용해 나의 생각을 체계적으로 설명하였습니다. 내가 젖산 발효를 현미경으로 보았을 때에 배양액 안에는 서로 닮은 유기체가 엄청나게 많다는 것을 알았습니다. 더욱이 이러한 발효 과정에서는 적당한 음식을 넣어 주면 현미경으로 보았던 유기체 숫자가 엄청나게 증가할 수 있다는 것도 보여 주었습니다.

여기에서 오염이 없는 깨끗한 상태에서 유기체를 충분히 키울 수 있다면, 젖산 효소가 새로운 당을 변화시킬 수 있으므로 엄청나게 많은 양의 젖산이 만들어질 것이라고 생각하였습니다.

발효에 관한 실험 조건을 달리하면서 더욱 많은 발효 과정에 대한 사실을 밝혀내었습니다. 이를테면 발효 과정이 일어나는 용액이 산성이냐 알칼리성이냐, 아니면 중성이냐에 따

라 발효 활동과 결과가 달라진다는 것을 찾아내었습니다. 예를 들면 효모는 산성 용액에서 가장 빨리 그리고 많은 알코올을 만들어 내지만, 젖산 발효에서는 중성 용액에서 가장 높은 활성을 나타낸다는 것을 밝혔습니다. 또한 양파를 갈아 만든 즙을 발효 과정에 첨가해 주면 효모의 작용은 억제되지만, 젖산 발효에는 별다른 영향을 주지 않는다는 실험 결과도 얻었습니다. 이러한 실험 결과는 발효를 일으키는 미생물에 대해서 특수한 물질이 발효 작용을 억제시킨다는 것을 알 수 있습니다.

다른 한편으로 발효 과정에서 2종류의 미생물이 한꺼번에 침범하였을 때에는 배양액에서 더 잘 적응한 종류가 경쟁에서 우세한 결과를 보여 준다는 사실도 찾아내었습니다. 이렇게 밝혀낸 여러 가지 정확한 실험 결과로 발효를 일으키는 미생물의 기능을 다른 사람들에게 충분히 이해시킬 수 있었습니다. 이러한 발효에 대한 설명을 돌이켜 보면, 그야말로 미생물학의 첫발을 내딛었다고 할 수 있습니다. 그리고 동시에 생화학과 생물학에서 중요한 기준을 세웠다고 볼 수 있습니다.

지금 여러분이 알고 있는 발효에 대한 지식과 정보는 내가 처음 발효에 관한 실험을 통해 찾아낸 것들과 비교해 보면 비약적으로 발전하였습니다. 그렇지만 처음 발효에 대해 생각하고 실험을 통해 찾아낸 결과는 당시에는 정말로 획기적인 사건이었습니다.

내 실험을 통해 사람들은 알코올을 생산하는 효모는 현미경으로 볼 수 있는 하나의 작은 공장이라고 믿게 되었습니다. 그리고 살아 있는 하나의 생명체가 알맞은 환경 조건에서 살아가면서 마지막에 만들어 내는 유기 물질이 바로 알코올이라는 사실도 알게 되었습니다.

물론 실험을 통해 발효 과정에서 어떠한 조건이 알코올을 생산하는 데 가장 적합한 것인지 찾아낸 것은 거꾸로 말하면 알코올 생산에서 맞닥뜨린 문제점을 해결하는 실마리를 찾아낸 것이라고 할 수 있습니다.

나는 비고 씨의 부탁을 듣고 알코올 발효에서 나타난 몇 가지 문제점을 해결하고자 가장 근본적인 문제에서부터 관찰과 실험을 시작하였습니다. 그리고 확실한 결과를 찾아내어 알코올 발효에서의 문제점을 해결하였던 것입니다.

내가 찾아낸 가장 확실한 해결책은 알코올 발효 과정에서 나타나는 필요 없는 미생물 유기체를 제거하는 것이었습니다. 물론 이는 이론적인 방법입니다. 하지만 나는 이론적인 연구에만 머무르지 않고, 실제로 산업에 이용할 수 있는 방

법을 찾아내어 발효의 산업화에 크게 기여하였습니다. 그리고 이러한 방법을 직접 산업에 적용해 100년이 지난 지금에도 미생물학의 발전과 미생물 산업 발전에 아주 큰 영향을 끼쳤다고 하겠습니다.

만화로 본문 읽기

포도주를 만드는 데 발효 공정이 잘못됐는지 신맛이 나면서 포도주 품질이 떨어지는 것 같아요.
그럼 제가 한번 연구해 보겠습니다.

이 시료를 실험실로 가져가서 확인해 봐야겠군.

소구체 외에도 효모와 구별되는 더 작은 구조물이 있잖아.

효모 이외의 다른 미생물이 발효 과정에서 알코올 대신에 다른 유기산을 만들어 내는구나.

실험한 결과로 발효의 특성은 단지 화학적인 것만이 아니라 살아 있는 것들의 활동, 즉 미생물의 발효로부터 비롯되었다는 사실을 알 수 있었습니다.
정말입니까?

나는 실험을 통해 발효는 미생물에 의해 일어나는 작용이란 결과를 얻었습니다.
웅성
웅성

두 번째 수업

2

자연 발생설 부정 실험

파스퇴르는 눈에 보이지도 않는 아주 작은 미생물을 이용하여
어떤 실험을 어떻게 했는지 알아봅시다.

2

두 번째 수업

자연 발생설 부정 실험

교.	초등 과학 5-1	9. 작은 생물
과.	초등 과학 5-2	1. 환경과 생물
연.	고등 과학 1	4. 생명
계.	고등 생물 I	4. 호흡
	고등 생물 II	2. 물질대사

파스퇴르가 생명의 기원에 대한 이야기로 두 번째 수업을 시작했다.

아주 오래전부터 사람들은 생명체가 어디에서 어떻게 시작되었는지 궁금해했습니다. 그래서 많은 사람들은 이른바 생명의 기원에 대해서 여러 가지 설명을 나름으로 전개하였습니다.

기독교의 《성경》을 비롯하여 다른 종교의 경전에 적힌 대로 절대자인 신이 만물을 창조했다고 믿는 사람들의 경우에 모든 생물체는 인간의 뜻이 아닌 절대자의 뜻에 따라 이루어졌다고 보았습니다.

깊은 생각을 통해 깨달음을 얻었고, 그렇게 얻은 자신의 생

각과 깨달음을 다른 사람들에게 전해 주었던 고대 철학자와 사상가는 물론 자연 과학자들까지도 생명의 기원에 대해서는 저마다 고유한 생각을 펼쳤습니다.

하지만 어미가 새끼를 낳고, 그 새끼가 자라 다시 어미가 되어 또다시 다른 새끼를 낳는 일을 반복하면서 어미와 닮은 새끼가 대를 이어 간다는 것은 최초의 생명체 탄생에 대한 의문을 가지게 했습니다. 도대체 그러한 반복 과정을 시작하게 된 최초의 생명체는 어디에서 비롯된 것일까요? 사람들은 의문을 해결할 수 없었답니다.

자연 발생설의 매력

많은 사람들이 그럴듯하게 생각했던 한 가지는 큰 생명체가 아닌 아주 작은 생명체들이라면 어미가 없더라도 자연 속의 어떤 힘에 의해 저절로 생겨날 수 있을 것이라는 믿음이었습니다. 그래서 씻지 않은 채 오랫동안 옷을 갈아입지 않고 지내면 저절로 몸에 이가 생긴다고 생각하였고, 벼룩은 톱밥에서 부화된 것이라는 생각을 하게 되었습니다. 그리고 이렇게 작은 생명체가 저절로 생길 수가 있다면, 그보다 조금 큰 생명체도 마찬가지일 것이라고 생각하기도 했습니다. 그래서 사람들은 한 발짝 더 나아가 뱀장어는 갯벌 속에서 생겨났고, 쥐는 나일 강의 진흙탕 속에서 생겨났다고 믿었답니다. 모두 자연적인 탄생에 근거한 생각입니다.

오랫동안 사람들은 살아 있는 생명체가 무생물에서 자연스럽게 생겨날 수 있다는 자연 발생설을 믿어 왔습니다. 심지어 그리스의 위대한 철학자 아리스토텔레스도 간단한 무척추동물은 자연적으로 생길 수 있다고 생각하였습니다. 그뿐만 아니라 스위스 의사인 파라셀수스(Paracelsus, 1493~1541)는 연못에 살고 있는 개구리가 하늘에서 떨어졌다고 친절하게 설명하여 여러 종류의 생명체가 생겨나는 곳은 대지뿐만 아니라 하늘도 역시 생명체를 창조할 수 있다고 설명하였답니다.

생명체가 자연 발생적으로 생겨난다는 생각은 이탈리아의 의사이자 박물학자인 레디(Francesco Redi, 1626~1697)가 썩어 가는 고기에서 구더기가 자연 발생적으로 생길 수 있는지 없는지를 확인하기 위한 몇 가지 실험을 수행하면서 처음으로 공격받기 시작하였습니다. 레디는 그릇 3개에 고깃덩어리를 각각 놓아두었습니다. 그릇 하나는 뚜껑을 덮지 않은 채 그대로 놓아두었고, 다른 그릇은 종이로 뚜껑을 만들어 덮어

두었으며, 마지막 그릇은 수건을 덮어 두어 파리가 들어가지 못하게 했습니다.

파리는 아무것도 덮지 않은 첫 번째 그릇에 날아들어 알을 낳았고 그곳에서 구더기가 생겼습니다. 다른 두 그릇에서는 구더기가 생기지 않았습니다. 그러나 수건으로 덮어 둔 세 번째 그릇에서는 파리가 날아와 덮어 둔 수건 위에 알을 낳아 구더기가 생겼습니다.

이 실험 결과를 보고 레디는 파리가 알을 낳아 구더기가 생기는 것이지 고기에서 저절로 구더기가 생기는 것이 아니라

레디의 실험

는 결론을 얻었습니다. 이 실험 이후 많은 사람들은 적어도 눈에 보이는 생명체는 자연적으로 발생하는 것이 아니라는 사실을 알게 되었답니다.

그러나 사람들은 자연 발생설에 대한 믿음을 그리 쉽게 포기하지는 않았습니다. 실험을 통해 드러난 결과를 빤히 보면서도, 이제까지 믿어 왔던 생각을 바꾼다는 것이 마치 자신이 인생에서 커다란 실수를 저지르고 다른 사람들에게 잘못을 고백하는 것과 같다고 생각해서인지, 좀처럼 생각을 바꾸려고 하지 않았답니다. 그러던 차에 레이우엔훅의 연구가 알려지자 사람들은 다시 한번 자연 발생설에 대한 논쟁의 불씨를 되살렸습니다.

미생물 세계로 들어가는 문

작은 생물의 세계로 들어가는 문은 그리 쉽게 열리지 않았습니다. 당시에 사람들이 생각하던 작은 생물은 사람의 눈으로 볼 수 있는 한계 안에서 그려 낼 수 있는 정도였답니다. 유리를 깎아 만든 렌즈를 이용하여 작은 것을 크게 확대해 볼 수 있다는 사실을 알게 되었지만, 렌즈를 이용해서 현미경을

만들어 내기까지는 오랜 시간을 기다려야만 했기 때문입니다. 그동안에 아주 멀리 떨어져 있는 별을 보기 위해 갈릴레이(Galileo Galilei, 1564~1642)가 망원경을 제작하여 관찰하였지만, 눈에 보이지도 않는 작은 생물체를 확인하기까지는 그로부터도 무려 100년이라는 시간을 더 기다려야 했습니다.

한 남자가 있었습니다. 그는 지극히 검소한 가정에서 태어나 학교 교육도 제대로 받지 못했고, 작은 직물 가게에서 일하면서 생계를 책임져야 했습니다. 그리고 부족한 부분을 메우기 위해 부업으로 네덜란드의 델프트 시청에서 문지기까지 해야 했습니다. 이 남자가 바로 레이우엔훅이었습니다. 레이우엔훅은 오로지 렌즈를 갈고 닦는 것만 좋아하였기에 주위 사람들은 그를 이상한 사람으로 단정하고, 그가 무슨 짓을 하더라도 내버려 두었습니다.

레이우엔훅은 시간이 있을 때마다 자신이 만든 렌즈로 아주 미세한 물체들을 들여다보는 일에 온통 정신을 빼앗겼습니다. 그저 단순히 들여다보는 것만으로 끝나는 것이 아니라 자신이 관찰한 물방울, 피부, 머리카락은 물론이고 작은 곤충이 알에서 부화되어 자랄 때까지의 과정을 꼼꼼히 기록하는 일에 여가 시간 전부를 바쳤다고 합니다.

레이우엔훅은 네덜란드 어로 편지를 써서 런던에 있는 왕립 학술 협회에 보냈습니다. 처음에는 대수롭지 않게 생각하던 학자들은 계속되는 보고에 관심을 기울이게 되었습니다. 그리고 점점 시간이 지날수록 학계에서는 레이우엔훅의 작업이 무시할 수 없는 가치를 지니고 있음을 깨닫게 되었습니다. 마침내 1680년 왕립 학술 협회는 이 순박하고 겸손하면서 꾸준하고 게다가 천재적 재주를 지닌 레이우엔훅을 회원으로 받아들이기로 결정하였답니다.

레이우엔훅이 중대한 발견을 해낸 것은 협회 회원이 된 후로부터 3년이 지난 1683년의 일이었습니다. 지금까지 아무도 찾아내지 못한, 살아 있는 생명체 가운데에서는 아마도 가장 작은 생명체인 무엇인가를 발견해 낸 것입니다. 그것은 바로 우리가 알고 있는 박테리아였습니다.

하지만 270배까지만 확대해서 볼 수 있는 당시 레이우엔훅이 만든 현미경으로는 이 생명체를 제대로 구별해 내는 데에 많은 어려움이 있었습니다. 레이우엔훅이 만든 현미경은 여러 개의 렌즈를 결합한 복합 현미경이었지만, 이것은 지금의 현미경과 비교하면 기술적으로 한참 뒤떨어진 초기 작품이라고 할 수 있었습니다. 지금은 하나의 현미경이라 하더라도 접안렌즈 1개와 여러 개의 대물렌즈로 구성되어 있어서

렌즈의 조합에 따라 적당한 배율을 맞추어 미생물을 크고 작은 크기로 확인할 수 있습니다.

그러나 당시의 현미경은 전체가 하나의 배율로 고정되어 있었기에 배율을 달리해서 관찰하려면 다른 현미경을 사용할 수밖에 없었답니다. 다시 말해서 서로 다른 배율을 가진 현미경을 바꿔 가면서 미생물을 관찰해야만 하는 어려움이 있었습니다.

모두가 거들떠보지도 않는 아주 작은 미생물의 세계에 관심을 기울이며 끈질기게 과학적인 사실을 확인한 레이우엔훅과 같은 사람이 없었더라면, 나중에 '미생물학의 아버지'라고 불리는 나나 코흐(Koch, 1843~1910)의 뛰어난 업적은 결코 기대할 수 없었을 것입니다.

하지만 미생물에 관한 학문적 발전은 레이우엔훅 이후로 다시 또 긴 잠에 빠져 들었습니다. 레이우엔훅의 발견이 얼마나 중요한 가치를 지닌 것이었는지를 깨닫는 데 또다시 100년이란 시간이 걸렸으니 말입니다. 그야말로 과학의 발전이란 갑자기 뚝딱 만들어지는 것이 결코 아니지요.

새로운 사실을 받아들이지 않은 채 옛 지식에 얽매이는 것도 바람직한 일이 아니지만, 생각의 폭이 좁아서 엄연한 사실을 보고도 제대로 깨닫지 못한다는 것은 단순한 착각이나 잘못보다 더 치명적일 수가 있습니다. 그렇다면 이러한 일이 어떻게 일어날 수 있었는지 한번 살펴보기로 합시다.

맨 처음 제대로 된 현미경을 제작한 네덜란드의 안경 기술자인 레이우엔훅은 자신이 만든 현미경으로 아주 조그만 동물과 미생물들의 존재를 발견한 후에 '생명체들이 자연 발생적으로 태어났다'고 확신하게 되었습니다. 그러한 생각을 하게 된 이유는 조물주가 그렇게나 많은 종류의 미생물들을 전부 창조했다고는 도저히 믿을 수 없었기 때문입니다. 더 나아가 사람들은 생명체들이 썩은 나무에서 태어났다고 생각하기도 했습니다.

한편 진화론의 열렬한 지지자로 널리 알려져 있는 영국의 자연 과학자 헉슬리(Thomas Henry Huxley, 1825~1895)는 바닷속 밑바닥에서 점액질이 자연 발생적으로 만들어졌다고 믿었고, 이 점액질에 '바티비우스 하에켈리에(*Bathybius haeckelie*)'라는 그럴듯한 학명까지 붙여 주었답니다. 헉슬리는 더 나아가 이 점액질로부터 단세포 동물인 아메바가 태어났다고 주장했습니다.

이와 같이 레이우엔훅이 미생물을 발견하고 나자 자연 발생설에 관한 논쟁은 다시 한번 불붙기 시작하였습니다. 다시 말해서 큰 생명체는 자연적으로 발생하지 못하지만, 아주 작

은 크기의 미생물은 자연 발생이 가능하다고 주장하는 사람들이 생긴 것입니다. 그들은 마른풀이나 고기를 물에 넣고 끓인 다음에 얼마 동안 그릇을 방치해 두면 자연적으로 미생물이 생긴다는 사실을 근거로 들었습니다.

1748년에는 영국의 목사 니덤(John Turberville Needham, 1713~1731)이 자연 발생설에 관한 실험 결과를 발표하였습니다. 니덤은 양고기에 물을 붓고 한참을 끓인 다음에 플라스크를 솜 마개로 단단히 막아 두었습니다. 그리고 얼마간 시간이 지나자 솜 마개로 막은 여러 개의 플라스크가 뿌옇게 변하면서 그 안에서 미생물이 자라났습니다. 그는 유기물은 생기를 포함하고 있어서 이 생기가 물질에 생명의 특성을 전달해 주었기에 나타난 결과라고 생각했습니다.

이로부터 몇 년이 지난 후에 이탈리아의 목사이자 박물학자인 스팔란차니가 니덤의 실험 방법을 개선하여 실험을 하였습니다. 그는 먼저 물과 씨앗이 들어 있는 유리 플라스크를 밀봉했습니다. 그리고 밀봉한 플라스크를 끓는 물에 45분에서 1시간가량 중탕한 다음에 보관해 두었습니다. 그러자 플라스크가 밀봉되어 있는 한 미생물은 생기지 않았습니다.

이러한 실험 결과를 보고 스팔란차니는 공기가 영양액에 균을 옮기기 때문에 밀봉한 플라스크에서는 미생물이 자라지 않는다고 설명하였습니다. 그러나 동시에 외부의 공기가 있어야만 영양액에 존재하는 생물이 자랄 수 있을지도 모른다는 가능성을 완전히 부인하지는 않았습니다.

스팔란차니는 1780년에 자신의 연구 결과를 2권의 두꺼운 책으로 발간하였습니다. 그의 연구에서 가장 중요한 업적은 '생명체는 오직 생명체로부터만 태어난 수 있다'는 생각이었습니다. 스팔란차니가 미생물을 끓이면 파괴된다고 하자, 그에 반대하는 많은 사람들은 스팔란차니가 '생명의 법칙을 무너뜨리려 하고 있다'고 비난했습니다. 그렇지만 스팔란차니는 생명의 법칙이라는 말이 무엇을 뜻하는지 도저히 납득할 수가 없었습니다. 그것은 당시에는 물론이고 지금까지도 혼란스럽고 애매한 표현이기 때문입니다.

그 후에도 자연 발생설을 추종하는 사람들은 밀봉한 채로 플라스크에 열을 가하는 과정에서 생명 유지에 필요한 능력이 파괴된다는 주장을 계속 이어 갔습니다. 어쨌거나 스팔란차니는 당시에 이 신기한 미지의 생물에 관심을 가졌지만, 그 역시 미생물들이 우글거리는 이 작은 세계가 끔찍한 전염병들과 연관이 있을 것이라고는 전혀 생각하지 못했습니다.

이러한 몇 가지 실험 결과를 보고서도 자연 발생설에 대해 사람들은 자신의 입장에서 볼 때에 좀 더 유리한 방향으로

다른 설명을 이끌어 내었습니다. 어찌 보면 아주 작은 생명체가 자연적으로 발생한다는 생각이나, 썩은 물질에서 생명체가 비롯된다는 등의 자연 발생을 주장하는 생각은 자연에서 모든 물질의 순환 과정이 이루어지는 것처럼 자연 속에 살고 있는 생명체도 또한 순환하는 것이라고 말하려는 것처럼 보이기도 하였습니다. 그러나 과학적인 사실은 시간이 지나면서 그 모습을 드러내게 마련입니다.

몇몇 연구자들은 그러한 자연 발생의 주장에 반박하기 위한 노력을 기울였습니다. 슈반(Schwann, 1810~1882)은 가열한 영양액이 담긴 플라스크에 공기가 통하도록 연결시켜 주면서 그 공기가 먼저 뜨거운 관을 통과하도록 장치하였습니다. 그 실험에서는 플라스크에서 미생물이 자라는 것을 막을 수 있었습니다.

다음에 슈뢰더와 두체는 열을 가해 멸균한 배양액이 있는 플라스크를 멸균한 솜 마개로 막았습니다. 이 실험에서는 뜨거운 관으로 미리 가열하지 않은 공기가 들어가더라도 플라스크에서는 더 이상 미생물이 자라지 않았습니다. 이러한 몇 가지 실험 결과가 알려졌지만 그래도 사람들은 자연 발생이라는 매력적인 이론을 버리지 않았습니다.

그 이후 1859년에 프랑스의 박물학자 푸셰는 공기가 오염되지 않아도 미생물이 자연적으로 성장하는 것을 증명할 만한 확고한 실험 결과를 얻었다고 주장하기도 했습니다. 사실 드문 얘기기는 하지만, 포자 형태를 뒤집어쓴 미생물은 멸균된 공기 안에서도 살아남았다가 조건이 좋아질 때에 발아하여 증식할 수도 있었습니다.

파스퇴르의 결정타

당시에 자연 발생을 둘러싸고 논쟁을 이어 가던 어려운 상황에서 나는 자연 발생에 관한 논쟁을 영원히 종식시키는 실험을 하였고, 자연 발생설을 주장하는 사람들에게 더 이상 주장을 펼 수 없도록 했습니다. 나의 실험은 아주 간단한 것이었지만, 누구도 이제까지 감히 생각하지 못했던 참신한 아이디어에서 비롯된 실험 방법이었습니다. 이제 자연 발생설을 종식시킬 수 있었던 나의 역사적인 실험 과정을 살펴봅시다.

나는 플라스크 입구에 들어가는 공기를 솜으로 걸러 냈을 때 솜에서 식물의 포자와 비슷해 보이는 물체를 관찰했습니다. 또한 가열한 플라스크를 멸균하지 않은 솜으로 막으면 플라스크 안의 영양액에서 미생물이 자란다는 것을 관찰했

습니다. 그래서 나는 솜 마개를 사용하는 대신 플라스크 안에 영양액을 넣고 플라스크의 목을 가열하여 길게 늘인 다음 여러 번 구부렸습니다. 이때 플라스크의 끝은 항상 열려 있어 공기가 들어갈 수 있도록 했습니다.

그러고 나서 플라스크를 몇 분간 가열한 다음 공기 중에 놓아두었습니다. 이렇게 놓아둔 플라스크 안의 영양액으로 자유로이 공기가 들어갈 수는 있었지만, 가열한 영양액에서 미생물이 자라지는 않았습니다. 나는 먼지와 미생물이 플라스크의 구부러진 부분에 걸려 영양액에 들어가지 못했기 때문에 미생물이 자라지 않았다고 설명했습니다. 그다음에 플라스크의 목을 깨뜨리자 곧바로 미생물이 자라기 시작하였습니다.

이로써 나는 1861년까지의 자연 발생설에 대한 논쟁을 종결시키는 동시에 어떻게 하면 플라스크 안의 영양액을 멸균 상태로 유지할 수 있는지에 속 시원하게 보여 주고 설명하였습니다.

또한 영국의 틴들(John Tyndall, 1820~1893)은 1877년에 공기에 떠다니는 먼지 중에서 미생물이 포함되어 있으므로 공기 중의 먼지를 제거하면 영양액이 공기와 직접 접하더라도 멸균 상태로 유지된다는 것을 증명했습니다. 한편 열에

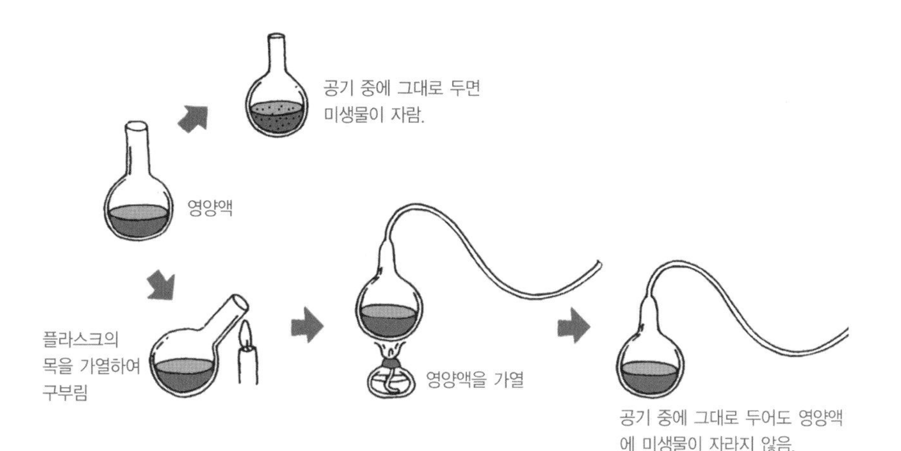

파스퇴르의 백조목 플라스크 실험

매우 강한 세균 형태가 존재한다는 사실을 증명하기도 했으며, 독일 식물학자 콘(Ferdinand Juliuss Cohn, 1828~1898)은 독자적으로 열에 강한 세균의 내생 포자를 발견하기도 하였습니다. 이러한 실험으로 오랫동안 사람들의 마음을 사로잡았던 자연 발생설은 드디어 막을 내리게 되었답니다.

그야말로 오랫동안 사람들의 마음을 사로잡았던 생명의 기원에 대한 자연 발생설의 부정 실험이 제대로 정리된 것은 이탈리아의 스팔란차니와 그 뒤를 이은 나에 의해서 비로소 이루어졌습니다. 우리 두 사람은 아무리 작은 미생물이라 할지라도 부모 없이 태어날 수는 없다는 것, 즉 한 개체는 반드시 다른 개체로부터 태어난다고 주장하였습니다. 한마디로

자연 발생이란 불가능하다는 이야기였지요.

미생물의 한 종류라고 인정해 주는 바이러스에 대한 성질이 알려지면서 혹시나 자연 발생설이 다시 나타나는 것이 아닌가 하는 의문이 잠시 일어나기도 하였습니다. 바이러스는 살아 있는 생물 세포 안에서만 증식하는 기생체이기는 하지만, 영양분을 찾아 먹지도 않고 물질대사를 하지도 않으며 따라서 몸집을 불려 가는 성장 과정도 없는 무생물과 같은 특징을 보여 주기 때문입니다.

더욱이 미국의 스탠리(Wendell Meredith Stanley, 1904~1971)가 1935년에 담배 모자이크병 바이러스 입자의 결정체를 얻었는데, 그것은 핵산 분자와 단백질 분자로 구성된 단순한 모양이었습니다. 완전한 생명체가 아닌 유기물 분자의 조합만으로 생명 현상을 보인다는 점에서 자연 발생적으로 생명체가 나타나는 것이 아닐까 많은 사람들이 의혹의 눈길을 보냈습니다. 그렇지만 바이러스는 핵산 분자로 구성된 유전자를 가진다는 점에서 생명체로 포함시켰답니다.

이제 크거나 작거나 모든 생물의 탄생은 자연 발생적이 아니라는 사실을 적어도 1953년까지의 과학자들은 물론 모든 사람들이 믿고 있었습니다. 그런데 미국의 밀러(Stanley Miller, 1940~)라는 화학자가 생명의 기원에 관한 실험을 하면서부터 학자들 사이에서 자연 발생설이 다시 대두되기 시작했습니다. 그런데 밀러의 주장에 따르면 생명체는 태초의 번개가 뚫고 지나간 후의 원시 환경 속에서 홀로 태어났다는 것이었습니다.

밀러는 지구가 태어난 이후 최초의 환경이 메탄(CH_4), 암모니아(NH_3), 수소(H_2), 수증기(H_2O) 들로 이루어져 있었다고 가정했습니다. 밀러는 이 가스들의 혼합물에 높은 에너지를 방전시켜서 태초와 비슷한 환경을 만들어 주었습니다. 실험은 일주일 동안이나 이어졌습니다. 일주일이 지난 다음에 놀랍게도 습기 찬 용기 안에는 정말로 유기 분자들이 형성되어 있었습니다. 유기 분자 가운데에는 단백질의 재료가 되는 아미노산 분자도 2가지가 들어 있다는 사실이 밝혀졌습니다. 이 실험을 생명의 기원을 설명하는 데에 언제나 등장하는 '밀러의 방전 실험'이라 부릅니다.

생물학적으로 단백질을 형성하는 아미노산은 모두 20가지가 있습니다. 밀러의 실험에서는 글라이신과 알라닌이라는 2가지 아미노산이 만들어졌습니다. 그 외에도 폼산이나 아민과 같은 유기산들도 만들어졌습니다. 밀러는 자신의 연구 결과를 정리해서 발표했고, 수많은 학자들이 밀러를 지지했습니다. 그리고 더 나아가 밀러의 연구 결과를 자신들의 관점

에 나름대로 연결시키고자 많은 노력을 기울이기도 했습니다. 그러나 한편으로 밀러가 제시한 최초의 대기 환경이 사실과 다르다는 비판도 나왔습니다. 그렇기 때문에 밀러의 실험 결과가 바로 생명체의 기원과 일치하지 않는다는 설명도 가능하였습니다.

그렇더라도 원시 생명체 탄생에 관한 밀러의 실험은 여전히 나름의 커다란 의의를 지니고 있습니다. 비록 생명체의 탄생은 실험실에서 인위적으로 재현할 수 없는 것이지만, 과학적인 사실을 바탕으로 실험실에서 실험할 수 있는 가능성을 열어 주었기에 여전히 그 가치를 인정받고 있는 것입니다. 아무튼 최초의 생명이 어떻게 탄생하였는지에 대해서는 아직도 많은 의문이 제기되고 있으며, 많은 학자들은 이러한 의문을 해결하기 위해 더욱 많은 노력을 기울이고 있습니다.

만화로 본문 읽기

생선이 상했어요.

선생님, 음식을 상하게 하는 미생물은 자연적으로 발생하는 것 아닌가요?
옛날 사람들은 미생물이 자연적으로 생긴다고 생각했답니다.
그럼 아니군요.

네, 오랫동안 사람들은 생명체가 자연스럽게 생겨날 수 있다는 자연 발생설을 믿어 왔는데, 특히 레이우엔훅이 미생물을 발견하고 나자 논쟁은 크게 불붙기 시작했답니다.

그럼 누가 이 문제를 해결했나요?
바로 내가 실험을 통해 자연 발생설을 종식시켰답니다.
우아, 어떻게 하셨어요?

이 백조목 플라스크를 이용하면 플라스크 안으로 공기가 들어갈 수는 있었지만, 가열한 영양액에서 미생물이 자라지는 않았습니다.

하지만 이렇게 마개를 떼어 내었더니 미생물이 자라났죠.
대단한 발견이었네요.

세 번째 수업 3

효모가 만드는 생명 물질

효모가 만드는 알코올은 어떤 것일까요? 이제부터 술과 알코올 그리고 효모 사이의 떼려야 뗄 수 없는 긴밀한 관계에 대해서 알아봅시다.

3

세 번째 수업

효모가 만드는 생명 물질

교.	초등 과학 5-1	9. 작은 생물
과.	초등 과학 5-2	1. 환경과 생물
연.	고등 과학 1	4. 생명
계.	고등 생물 Ⅰ	4. 호흡
	고등 생물 Ⅱ	2. 물질대사

파스퇴르가 미생물에 대한 이야기로 세 번째 수업을 시작했다.

생물과 생명 물질

자연에 존재하는 모든 것은 크게 살아 있는 생물과 살아 있지 않은 무생물로 나눌 수 있습니다. 생물은 다시 움직이는 동물과 움직이지 못한 채 한자리만 지키고 있는 식물이라는 2종류로 구분됩니다. 그러나 시간이 지나면서 우리 눈으로 볼 수 없는 작은 생물이 있다는 것을 알게 되었답니다. 그래서 사람들은 이들을 미생물이라는 새로운 종류로 추가하였습니다. 그렇다고 해서 모든 생물의 종류가 이들 3가지 틀 속

에 완전히 구분되는 것은 아닙니다. 사람들이 편의에 따라 동물과 식물 그리고 미생물로 크게 나누었습니다.

지금도 미생물에 대한 정의를 내릴 때에는 '눈으로 구별할 수 있는 한계점인 0.1mm(100㎛) 크기 이하의 생물들'을 통틀어 미생물이라고 말합니다. 미생물의 종류는 일반적으로 병원 미생물을 중심으로 곰팡이(진균), 박테리아(세균), 바이러스 등 3가지로 구분합니다. 대부분의 미생물은 3종류 가운데 하나이지만, 여기에 포함되지 않는 특별한 미생물도 있습니다.

한편 생물학의 발전에 따라 학자들은 또 다른 생물의 분류 체계를 만들어 생물과 미생물을 통틀어 진핵생물과 원핵생물로 나누기도 합니다. 이러한 분류 체계에서는 모든 생물체를 구성하는 기본 단위가 세포이고, 세포 안에 들어 있는 핵이 어떠한 형태로 존재하는지에 따라 진핵과 원핵으로 나누었습니다.

진핵은 세포에서 중심을 이루는 핵이 막으로 둘러싸여 있어 독립된 소기관을 이루고 있습니다. 그런데 원핵은 세포 안의 핵이 막으로 둘러싸이지 못하여 흩어져 있는 상태를 말합니다. 미생물 가운데 모든 박테리아는 핵막이 없으므로 대표적인 원핵생물입니다.

생물학의 발전에 따라 모든 생물은 세포로 구성되었다는 사실이 밝혀지면서 생물에서 세포의 중요성이 새롭게 부각되었습니다. 그래서 생물을 이해하기 위해서는 무엇보다도 세포를 알아야 한다고 생각하였고, 이에 따라 세포학 또는 세포 생물학이 발전하게 되었습니다.

그러다가 세포는 다시 세포를 구성하는 여러 가지 소기관들로 되었고, 이들 소기관은 또한 생물 분자로 이루어졌다는 사실을 알게 되면서 뒤이어 분자 생물학이라는 새로운 학문의 세계가 열리게 되었답니다. 또한 생물의 물질대사 작용을 화학적으로 해석해 보자는 뜻에서 생물 화학 또는 생화학이라는 학문도 함께 발전하였습니다.

아직도 정확히 설명하기 어려운 생명이란 도대체 무엇일까요? 사람들은 오래전부터 생명을 설명하고자 많은 연구와 노력을 기울였답니다. 그리하여 생명체를 구성하는 기본 물질이 어떤 것이고, 이들이 어떤 과정을 거쳐 생물체 안에서 작용하는지 여러 가지 생리적 현상에 대한 연구에서 많은 진전이 있었습니다. 그렇지만 생명의 기본에 대해서는 아직까지도 만족할 만한 답을 얻지 못하였습니다.

우리가 알고 있는 모든 생명체는 생명 물질로 구성되어 있습니다. 그리고 이들 생명 물질은 탄수화물을 비롯하여 지방

과 단백질 그리고 핵산을 포함하고 있습니다. 또한 이들 생명 물질을 이루고 있는 기본 물질은 모두가 유기물이라는 사실을 알아야 합니다. 그러기에 생명체의 부분을 이루는 기관과 조직 및 세포는 모두 이러한 유기물이 모인 생물 분자로 구성되어 있습니다.

그렇지만 유기물이 비록 생명 물질을 대표하는 것이라 하더라도 생명 현상을 나타내지 않는 무생물을 구성하는 무기물의 원소와 크게 다를 바가 없습니다. 이러한 사실을 알고 난 다음부터는 생명의 힘이라 할 수 있는 생명력을 설명하는 데에서 더 이상 앞으로 나아가지 못하고 어려움을 겪고 있습니다.

생명체를 구성하는 유기물과 무생물을 이루는 무기물의 구성 성분에 차이가 없다는 것은 다시 말해서 생물이나 무생물을 막론하고 모든 물질을 이루는 기본 원소는 같다는 말입니다. 생명체를 이루는 생물 분자들의 대표적인 예로는 탄수화물, 지방, 단백질을 비롯하여 핵산을 꼽습니다. 다른 분자들보다도 비교적 크다고 할 수 있는 이들 생물 분자들은 대체로 탄소와 수소 그리고 산소를 기본으로 하면서 부분적으로 질소와 황 그리고 인 성분을 포함하고 있습니다. 생명체를 이루는 기본 물질이 바로 유기물이며, 이들 생명체들이 살아가는 동안에 만들어 내거나 또는 이용하는 물질도 마찬가지로 유기물(유기 화합물)에 포함됩니다.

생물이 먹이를 먹는 것은 먹은 먹이를 대사 작용을 통해 분해시킴으로써 필요한 에너지를 얻기 위해서입니다. 그리고 이렇게 얻어 낸 에너지를 이용해 운동과 생장 그리고 증식이라는 생리 작용을 하는 것입니다. 대체로 먹이를 분해시켜 몸에 필요한 에너지를 얻는 과정에서 먹이를 충분히 분해시키면 이산화탄소(CO_2)와 물(H_2O)이 남습니다. 그러나 생물체와 유기물인 먹이를 완전히 분해시키지 못하면 중간 대사 산물로 여러 종류의 유기산이나 일산화탄소(CO), 메탄(CH_4)과 같은 가스를 내놓기도 합니다. 이렇게 내놓는 대사 산물이나 가스도 역시 유기물이기는 마찬가지입니다.

따라서 유기물이란 알고 보면 탄소와 수소 그리고 산소가 결합한 기본 구조를 뜻하며, 이들을 다른 말로 부르면 모두가 유기 화합물입니다. 이러한 유기물 가운데에서 탄소와 수소만으로 구성된 종류를 탄화수소라고 부르기도 합니다. 탄소와 수소로 구성된 탄화수소에 산소와 수소 각 한 원자가 결합한 수산기(-OH)가 붙으면 알코올이 됩니다. 그렇기 때문에 알코올을 간단히 'R-OH'라는 약자로 표기하기도 합니다.

알코올 가운데에서 탄소를 하나만 가지고 있으면 메타올

(CH_3OH, 메틸알코올이라고도 함)이고, 탄소를 2개 가지고 있으면 에탄올(C_2H_5OH, 에틸알코올이라고도 함)입니다. 알코올이라는 비슷한 성분을 가진 것이지만 메탄올과 에탄올의 성질은 엄청난 차이를 보입니다. 한 가지 예를 들면, 많은 동물들이 메탄올을 먹더라도 소화시킬 수 있는 데 비해서 사람이 이것을 마시면 눈이 멀게 되고 심하면 생명까지도 잃게 됩니다. 그러나 에탄올은 사람들의 생활 속에 항상 함께 하는 중요한 벗 노릇을 하고 있지요.

효모가 만드는 알코올

사람들의 생활에서 뗄 수 없는 깊은 관계를 맺고 있는 알코올은 언제부터 함께 했을까요? 술이라고 일컬어지는 에탄올은 그야말로 화학적으로 말하자면 유기 화합물의 한 종류임이 틀림없습니다. 왜냐하면 에탄올은 지금까지 알코올 발효를 하는 효모라는 미생물의 대사 산물로부터 얻었기 때문입니다. 그렇다면 효모는 도대체 어떤 미생물일까요? 그리고 효모가 만드는 알코올은 또한 어떤 것일까요? 이제부터 알코올이라고 말하는 술에 대해서 살펴봅시다.

술의 종류는 헤아릴 수 없이 많습니다. 우리가 일반적으로 술을 구별할 때에는 값의 차이에 따라 비싼 술과 싼 술로 나누기도 합니다. 그렇지만 이러한 구별 방법이 모든 사람들에게 받아들여지는 것은 아닙니다. 많은 사람들은 오히려 독한 술과 약한 술로 나누는 것을 대체로 긍정하는 분위기입니다.

술을 독하거나 약한 것으로 구별하는 것은 술 속에 들어 있는 알코올 성분의 많고 적음에 따라 나누는 방법입니다. 그러기에 이 방법은 그래도 얼마만큼 과학적이라고 받아들입니다. 그러나 이보다도 좀 더 학술적으로 접근하거나 문화적인 방법으로 술의 종류를 구별해 보면 또 다른 방법이 있습니다. 그것은 술의 제조 방법에 따라 나누는 것입니다.

술은 알코올 발효라는 특별한 작용을 하는 미생물이 생산한 유기 화합물의 대사 산물입니다. 물 가운데에서 알코올 발효 작용을 하는 것은 효모(yeast, 이스트)입니다. 효모는 미생물 가운데 곰팡이(진균) 종류에 속합니다. 대부분의 곰팡이는 실처럼 기다란 균사(팡이실)를 뻗어 내므로, 균사를 많이 뻗어 낸 곰팡이는 쉽게 우리 눈에 띄기도 합니다. 이를테면 메주곰팡이나 누룩곰팡이 또는 푸른곰팡이는 바로 이런 균사가 수없이 많이 모여 있어 잘 띄지요. 그런데 효모는 이러한 팡이실을 만들지 않고 세포가 하나로 떨어진 단세포 구조

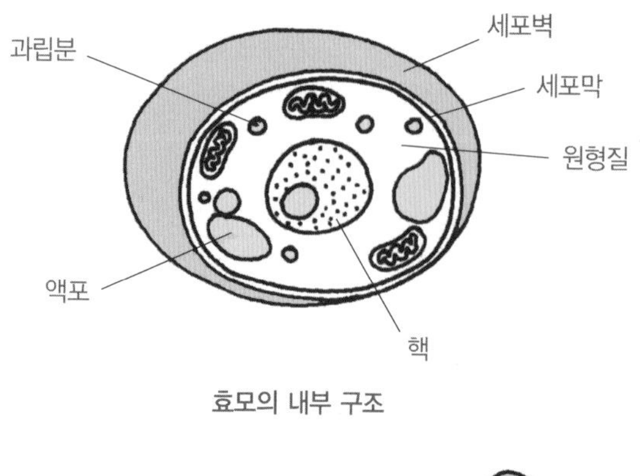

효모의 내부 구조

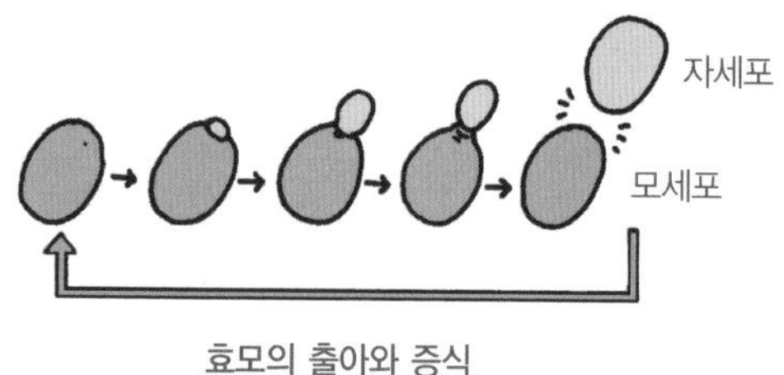

효모의 출아와 증식

를 갖고 있습니다. 물론 효모는 다른 곰팡이처럼 막으로 둘러싸인 핵을 갖고 있으므로 진핵생물에 속한답니다.

그리고 효모는 여러 종류의 알코올 가운데에서도 탄소가 2개 포함되어 있는 에탄올만 만들어 냅니다.

포도주를 담그거나 막걸리를 빚거나, 또는 맥주를 발효시키는 등 술을 만들 때에는 효모에 의한 알코올 발효가 기본입니다. 효모는 한 분자의 포도당을 2분자의 ATP(아데노신삼인산)를 에너지로 얻어 살아갑니다. 사람들은 이러한 발효 과정에서 효모가 만들어 내는 알코올을 음료로 이용하는 것입니다. 그뿐만 아니라 알코올과 함께 생성되는 이산화탄소가 밀가루 반죽을 부풀리는 힘을 이용하여 빵도 만들 수 있습니다. 아주 오래전부터 사람들은 효모의 이러한 성질을 이용하여 생활에 활용하였습니다. 지금도 빵을 만들 때 부풀리는 재료로 이스트를 쓰는데, 바로 효모입니다.

포도주는 이미 오래전에 고대 문명 발상지에서 만들어져 여러 곳으로 전파되었지만, 한국에 들어온 것은 대체로 고려 시대로 봅니다. 당시에는 주로 막걸리를 즐겨 마셨기에 포도주는 한국 사람들의 관심을 끌지 못하였습니다. 그러다가 포도주는 점점 사람들에게 멀어져 존재조차 거의 잊혀 갔습니다. 알코올 함량이 많은 술은 증류법을 알게 된 이후에야 순수한 알코올을 얻으면서 비로소 만들어졌습니다. 알코올 증류는 중동 지역에서 처음 개발되었고, 칭기즈 칸이 몽골 제국을 건설한 이후 중국에 세워진 원나라를 통하여 증류 알코올인 소주가 고려에 들어오게 된 것입니다. 그래서 한국 소주의 역사는 고려 시대를 시작으로 봅니다.

알코올 발효와 종류

술의 역사는 인류의 문명과 함께할 만큼 아주 오래되었습니다. 세계 곳곳의 고대 문화 유적을 발굴하는 과정이나 남겨진 기록을 살펴보더라도 인류의 조상들은 오래전부터 술을 빚어 마셨다는 사실을 확인할 수 있습니다.

고대 이집트의 고분 벽화에도 포도주를 만드는 과정이 그림으로 그려져 있습니다. 또한 기원전 2500년쯤 이집트에서는 4종류의 맥주와 5종류의 포도주를 무덤에 넣었다는 기록이 남아 있는 것을 보더라도 술의 역사가 얼마나 오래되었는지 알 수 있습니다.

더욱이 메소포타미아에서 발견된 점토판에는 발효를 이용해서 빵을 구웠고, 그 빵을 보리 맥아로 당화시켜 물과 섞어서 맥주를 만들었다는 기록이 있는 것을 보더라도 기원전 4200년경에 이미 수메르 인이 맥주를 만들었다는 사실을 알 수 있습니다.

술의 기원이 선사 시대로 올라가는 것은 술을 만드는 방법이 당시에도 그리 어렵지 않았으며, 술을 만들어 주는 효모를 어디에서든지 쉽게 구할 수 있었기에 가능했던 것이라고 생각할 수 있습니다. 포도주의 경우를 보더라도 포도 껍질에 허옇게 묻어 있는 것이 바로 술을 발효시켜 주는 효모입니다.

많은 사람들이 포도 껍질에 묻어 있는 흰 물질을 농약이라고 잘못 알고 있는 경우가 더러 있습니다. 그러기에 포도를 먹으면서도 껍질을 벗겨 먹거나 하얀 가루를 깨끗이 닦아 먹기도 합니다. 이제부터는 포도를 먹을 때에 굳이 깨끗이 닦아 먹을 필요가 없다는 것을 알았겠지요?

우리가 집에서 포도주를 만들려면 포도 이외의 나쁜 물질만 제거한 후에 주물러 으깨거나 또는 그대로 항아리에 담아 선선한 장소에 놓아두면 시간이 지나면서 저절로 포도주가 익습니다. 그야말로 아주 간단한 일입니다. 하지만 실제로 그 과정에는 우리가 지켜야 할 몇 가지가 있습니다.

좋은 술을 만들려면 우선 술을 발효시켜 주는 효모의 생리 작용을 어느 정도 이해해야 합니다. 술을 만들 때에 효모 이외의 미생물이 들어가면 제맛이 나는 술을 얻을 수 없습니다. 여러 종류의 미생물이 함께 살면서 제각기 다른 맛을 만들어 내면 그것은 술이 아니라 포도 썩은 물이 될 것입니다.

그렇기 때문에 효모가 살 수 있는 조건을 잘 갖추어 주어야 합니다. 술 항아리는 발효가 잘되는 30℃ 이하로 온도를 맞추어 보관해야 합니다. 온도가 올라가면 아세트산균이 번식하면서 효모가 만들어 놓은 에탄올을 식초로 바꾸어 버려 식

포도주가 만들어집니다.

포도주를 담글 때에 가끔 설탕을 조금 넣어 주는 경우가 있습니다. 포도에 들어 있는 당분을 효모가 이용하는 것은 당연한 일이지만, 포도주를 만들자마자 바로 발효가 일어나 술이 익는 것은 아닙니다. 그러기에 효모가 제 힘으로 정상적인 발효 과정으로 들어가기 위해서는 준비 운동이라고 할까 워밍업이라고 할까 아무튼 발효 과정이라는 자리를 잡아가는 노력이 필요합니다. 효모가 제대로 발효 과정을 진행시켜 나가도록 도움을 주기 위해서 설탕과 같은 약간의 당분을 넣어 주기도 합니다. 이것을 시동 배양이라고 할 수 있습니다.

규모가 큰 모터를 바로 돌리려면 큰 힘이 필요한데 큰 힘을 바로 내기가 매우 어렵습니다. 따라서 작은 모터를 먼저 돌려 얻은 힘을 이용해 단계적으로 큰 모터를 돌리는 것은 그만큼 무리가 적은 방법입니다. 우리가 매일 타고 다니는 자동차에는 이런 시동 모터가 달려 있습니다. 즉 시동 배양은 대량 배양을 위한 힘을 제공하는 기능을 합니다.

술의 종류는 크게 발효주와 증류주 2가지로 나눕니다. 발효주란 알코올 발효 작용을 하는 효모가 만드는 에탄올을 그대로 마시는 것이고, 증류주란 발효주를 증류하여 알코올을 모은 것입니다. 그러므로 발효주는 비교적 알코올의 성분이 낮은 편이지만, 증류주는 아무래도 알코올의 비율이 높을 수 밖에 없습니다. 알코올 성분이 4~5% 정도인 맥주와 5~6% 정도인 막걸리, 그리고 10~12% 정도인 포도주는 대표적인 발효주입니다. 그리고 위스키를 비롯하여 브랜디와 고량주처럼 40~50% 또는 그 이상의 알코올을 포함하는 이른바 독주는 거의 모두가 증류주라고 보아도 틀림이 없습니다.

사람들이 증류법을 개발하여 순수한 알코올을 얻은 후에 알코올의 효능에 대한 여러 가지 사실을 발견하였습니다. 그리하여 알코올에 '생명의 물'이라는 뜻으로 아쿠아비테(Aqua vitae)라는 이름도 붙였습니다. 처음 사람들에게 알려진 알코올은 그야말로 신비한 영약으로 취급되었습니다. 그리고 이 알코올을 연금술에 이용하고자 많은 시도가 있었으나 이미 우리가 잘 아는 것처럼 그 결과는 만족할 만한 것이 아니었습니다. 다만 알코올 증류를 계기로 연금술이라는 분야가 크게 발전하였고, 이를 바탕으로 서양에서는 화학 분야의 새로운 발전을 이루는 밑거름이 되었습니다.

아무튼 증류법을 이용하여 알코올 함량을 높인 술을 우리는 증류주라고 부릅니다. 증류주는 어떤 발효주를 이용했느냐에 따라 2종류로 나눕니다. 곡물을 원료로 발효시킨 술을 다시 증류한 것이 위스키이고, 과실을 발효시켜 만든 술을

증류한 것이 브랜디입니다. 쌀을 원료로 막걸리를 담아 증류시킨 전통주는 굳이 따지자면 위스키에 해당한다고 하겠습니다. 이렇게 발효주를 증류시켜 알코올 함량이 높게 만든 술은 그만큼 알코올의 효과도 빠르고 높습니다. 알코올 함량이 높은 위스키를 선호하는 사람들이 술을 알코올이라 부르면서 자연스럽게 알코올이라는 말이 술을 대신하는 이름으로 바뀐 것도 따지고 보면 그럴듯한 이유가 됩니다.

오래전부터 한국에서도 막걸리를 증류시켜 소주를 만들었고, 이때 사용하는 기구를 소줏고리라고 불렀습니다. 소줏고리로 증류시켜 만든 여러 종류의 술들이 최근에 이르러 전통주, 가양주, 민속주 등의 이름으로 사람들에게 다시 새로운 맛과 향을 제공하고 있습니다.

그 가운데에서 가장 널리 알려진 것은 안동 지방에서 제조한 안동 소주라 할 수 있습니다. 그러나 요즈음 한국의 대표적인 술이라 할 수 있는 소주는 주정이라 불리는 순수한 알코올을 만들어 희석시킨 술이므로 엄격하게 말하자면 희석식 소주가 되는 셈입니다.

어쨌거나 우리가 생활 속에서 주로 이야기하는 알코올은 에탄올이고, 이들 알코올은 모두 효모가 알코올 발효로 만들어 낸 것입니다. 그리고 알코올 생산자들은 더 높은 함량의 알코올을 생산하기 위해 특수한 능력을 갖춘 효모 균주를 산업적으로 이용하고 있습니다. 그러기에 술과 알코올 그리고 효모는 떼려야 뗄 수 없는 긴밀한 관계를 맺고 있답니다.

만화로 본문 읽기

술을 만들 때에는 효모에 의한 알코올 발효가 기본입니다. 효모는 포도당을 분해하여 ATP(아데노신삼인산)를 에너지로 얻어 살아갑니다. 이러한 발효 과정에서 만들어 내는 알코올이 술이 되는 것입니다.

네 번째 수업

4

포도주 이야기

미생물을 이용한 발효 작용이란 무엇일까요?
그리고 발효 과정에 따라 포도주는 어떻게 만들어질까요?
알코올 발효에 대해서 자세히 알아봅시다.

4

네 번째 수업

포도주 이야기

교.	초등 과학 5-1	9. 작은 생물
과.	초등 과학 5-2	1. 환경과 생물
연.	고등 과학 1	4. 생명
계.	고등 생물 I	4. 호흡
	고등 생물 II	2. 물질대사

파스퇴르의 네 번째 수업은 포도주에 관한 내용이었다.

이번 시간에는 서양 역사와 함께 발전한 포도주에 대해 좀 더 알아보겠습니다. 플라톤(Platon,B.C347?~B.C.428?)은 포도주를 일컬어 '신이 인간에게 준 최고의 선물'이라고 했습니다. 그 외에도 많은 신화와 전설 속에서 포도주가 등장하는 것을 보면 포도주는 아주 오래전부터 인간과 함께해 온 역사를 갖고 있습니다.

그리스 시대에는 물론이고 로마 시대에도 로마 인들이 점령한 지역마다 포도나무를 심고 포도주를 만들어 마시면서 포도주 문화를 전파시켰던 것입니다.

이렇게 해서 널리 알려진 포도주는 동화와 소설 속에서도 자주 등장하며, 모르는 사이에 우리 생활 속으로 자연스럽게 녹아들어 큰 자리를 차지하고 있습니다.

포도주 문화

포도주는 과연 어떤 술인가요? 포도주는 말 그대로 포도를 으깬 후에 발효 과정과 숙성 과정을 거쳐 얻어 낸 것으로 알코올이 들어 있는 음료입니다.

포도주의 알코올 함유량은 포도에 들어 있는 당 농도와 알코올 발효에 이용하는 효모의 종류 그리고 발효 기간, 발효 및 숙성 과정에 따라 차이가 납니다.

그래서 포도주의 알코올 농도는 적게는 6%에서 많게는 14~15%에까지 이릅니다. 포도주의 알코올 농도를 가만히 살펴보면 대단히 큰 차이가 있는 것처럼 보이지만, 사람들이 즐겨 마시는 농도는 대체로 9~12%가 대부분입니다. 알코올 함량만 따져 본다면 알코올 20% 정도인 소주의 절반에 해당한다고 보면 그리 틀리지 않습니다.

포도주에는 알코올 성분이 들어 있기에 당연히 술의 한 종류로 취급합니다. 그래서 사람들은 포도주를 다른 종류의 술처럼 따로 마시기도 하지만, 거의 대부분 음식과 곁들여 마시는 경우가 더 많습니다. 그 이유는 포도주를 음식과 함께 마시면 음식 맛을 더욱 돋우어 주기 때문입니다.

효모가 살아가는 방법

가정에서 포도주를 담글 때에는 포도를 으깬 즙에 소주를 부어 항아리에 담아 얼마 동안 시간이 지난 것을 그대로 마시는 경우가 많습니다.

이렇게 만든 포도주는 발효법에 따라 제조를 거친 진정한 발효주라고 할 수 없습니다. 이것은 포도즙을 알맞은 농도로 희석시킨 알코올 음료로서 그저 무늬만 포도주라고 하는 것이 더 정확합니다.

어쨌거나 진정한 포도주는 잘 익은 포도를 수확한 다음에 으깨어 통에 담아 한참 동안 발효시킨 다음에 맑은 액만 따로 모은 것을 말합니다. 다시 말해서 포도에 들어 있는 당분을 미생물인 효모가 발효 과정에 이용하여 최종 산물로 알코올을 내놓은 것이 진정한 포도주라는 뜻입니다.

그렇다면 미생물이 생산하는 알코올 발효란 무엇일까요? 알코올 발효에 대해서 좀 더 자세히 살펴보기로 합시다.

우리는 숨을 쉬지 않고는 잠시도 견딜 수 없습니다. 모두가 잘 알고 있는 것처럼 산소를 받아들이고 이산화탄소를 내뱉는 과정을 호흡이라고 합니다. 우리가 살기 위해서는 필요한 에너지를 얻어야 하는데, 몸에 필요한 에너지는 숨을 쉬면서 받아들인 산소를 이용하여 몸이 섭취한 영양분인 포도당을 분해시키면서 에너지를 얻습니다.

이렇게 에너지를 얻는 과정은 사람이나 동식물 그리고 미생물 모두 마찬가지입니다. 다시 말해서, 호흡으로 받아들인 산소를 이용하여 포도당으로부터 에너지를 얻고, 이때 발생한 이산화탄소를 몸 바깥으로 내보내는 것입니다.

만약에 공기 중에 산소가 없다면 우리는 에너지를 얻을 수 없기 때문에 살 수가 없습니다. 다른 동식물도 마찬가지입니다. 그런데 일부 미생물은 산소가 없을 때에도 살 수 있는 방법을 알고 있습니다. 효모를 비롯한 몇몇 미생물은 호흡을 멈추고 다른 방법을 통해 지속적으로 필요한 에너지를 얻어 살아갈 수 있습니다. 여기에서 말하는 다른 방법이란 바로 발효를 말합니다.

발효에서는 호흡에서와 마찬가지로 포도당을 분해시키기

는 하지만, 호흡에서처럼 완전히 포도당을 이산화탄소로 바꾸지는 못하고 일을 하다 만 것처럼 중간 산물인 찌꺼기를 남깁니다. 물론 일을 하다가 중간에 그친 것과 같기에 발효 과정에서 얻을 수 있는 에너지도 호흡 과정에서 얻는 에너지의 양에 비해서 $\frac{1}{20}$ 정도밖에 안 될 정도로 적습니다. 그렇더라도 효모는 살아가는 데에 필요한 에너지를 얻지 못해 죽는 것보다는 나을 것이라 생각해서인지 이렇게 어려운 방법을 이용하기도 합니다.

미생물들이 발효 과정에서 중간 산물로 만들어 낸 물질은 포도당이 부분적으로 변한 것이기 때문에 탄소와 산소 그리고 수소로 구성된 유기물들입니다. 발효를 통해 얻을 수 있는 대표적인 유기물은 알코올을 비롯하여 젖산과 아세트산 등의 유기산을 꼽을 수 있습니다.

이러한 물질은 맛과 향이 독특하므로 우리 생활 속에서 식품 첨가물이나 기호 식품으로 널리 이용하고 있습니다. 유기물의 대표적인 예로는 석탄과 석유를 꼽을 수 있으며, 이들은 우리 생활에 필요한 에너지를 제공해 주는 연료 물질로 더 큰 중요성을 보여 주고 있습니다.

요즈음에는 플라스틱이나 비닐을 비롯한 여러 가지 생활에 필요한 물질을 석유로부터 얻고 있지만, 이전에는 여러 종류

의 미생물을 이용하여 필요한 물질을 발효 산물로 얻어 이용하였습니다. 요즈음 주요 산업으로 떠오른 석유 화학 공업이 크게 발전하기 전에는 미생물 산업을 통해 여러 가지 화학 물질을 만들어 이용했던 것입니다. 시대가 바뀌고 과학이 발전하면서 필요한 물질을 생산하는 과정에서 경제성과 효율성에 따라 주력 산업이 석유 화학 공업으로 바뀐 것이라고 이해할 수 있습니다.

미생물이 어떤 조건에서 살 수 있는지에 따라 미생물의 종류를 구분하기도 합니다. 산소가 있어야 살 수 있는 미생물을 우리는 호기성 미생물이라 부르고, 산소가 없는 곳에서 사는 미생물은 혐기성 미생물이라 부릅니다. 산소가 있는 곳에서 사는 미생물은 그야말로 당연한 것이라고 생각하지만, 산소가 있으면 죽는 아주 극단적인 혐기성 미생물을 편성 혐기성 미생물이라 부릅니다. 이에 비해 산소가 있으면 잘 살지만 산소가 없어도 살아갈 수 있는 미생물을 통성 혐기성 미생물이라 부릅니다. 알코올 발효를 할 수 있는 효모가 바로 이러한 통성 혐기성 미생물에 포함됩니다.

포도주 발효 과정

미생물을 이용한 발효 작용이 어떤 의미라는 것을 조금은 이해하였을 것입니다. 그렇다면 이제는 발효 과정에 따라 어떻게 포도주가 만들어지는지 알아봅시다.

우선 탄수화물이 들어 있는 여러 가지 식물 열매는 알코올 음료를 생성하는 데 이용할 수 있습니다. 미생물에 의한 발효가 시작되기 전에 탄수화물이 발효에 적당한 형태로 들어 있으면 발효는 즉시 일어날 수 있습니다.

예를 들면 포도를 으깨어 주스나 과일즙으로 만들어 주면 별다른 처리가 없더라도 발효가 시작될 수 있습니다. 그러나 특별히 원하는 미생물 배양균을 첨가하여 발효시키려면 포도즙을 저온으로 처리하거나 또는 이산화황으로 먼저 살균해 줍니다.

곡물이나 다른 전분을 포함한 물질을 이용해 알코올을 생산하고자 한다면 복잡한 구조의 탄수화물을 반드시 간단한 형태의 당으로 가수 분해해야만 합니다. 다시 말해서, 탄수화물을 당으로 바꾸는 당화 과정이 있어야 한다는 뜻입니다.

가장 간단한 방법은 전분이 들어 있는 곡물을 물에 짓이기듯이 개어 걸쭉하게 만든 것으로 '으깬 죽'이나 '갠 죽' 정도라

고 할 수 있는데, 영어로는 이것을 매시(mash)라고 합니다.

여기에서 잘 섞이지 않는 물질을 제거하면 발효가 가능한 당분과 그 외의 단순한 형태의 분자를 포함한 투명한 액체인 맥아즙만 남습니다. 맥아즙은 엿을 만들기 위해 만들었던 '엿기름물'이라 할 수 있습니다. 예를 들어 곡물을 원료로 한 맥주를 만들기 위해서는 이러한 과정을 거쳐야 합니다.

효모는 알코올 발효를 이용해 여러 종류의 술을 만들지만, 포도를 원료로 하는 포도주 제조 과정에서는 맥주 제조에서 필요한 당화 과정을 거치지 않아도 됩니다.

오래전부터 포도주 제조에 대해 많은 연구를 하면서 질 좋은 포도주를 개발해 왔기에 '포도주 양조학'이라는 뜻을 나타내는 'enology'라는 단어까지 만들어졌습니다.

포도주는 포도 수집으로부터 시작해서 포도를 으깨고 액체(포도액)를 분리하는 과정을 거쳐 다양한 저장과 숙성 단계를 거쳐 만듭니다.

포도주는 전통적으로 색깔에 따라 백포도주와 적포도주로 나눕니다. 최근에는 연한 붉은색의 포도주를 만들면서 이를 로제 와인이라 부르고 있습니다. 우리가 먹는 포도는 대체로 검붉은 색을 띠고 있습니다. 이렇게 검붉은 색의 포도 껍질을 벗기고 알갱이만 모아 즙을 내면 투명한 색이 됩니다.

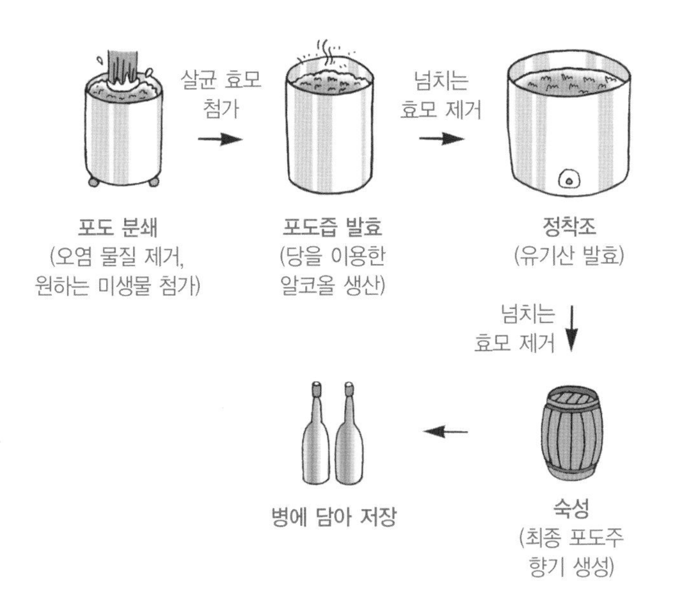

포도주 생산 과정:포도를 짓누르면 포도액 속의 당이 발효되면서 알코올이 들어 있는 포도주를 만든다. 포도주 생산 과정에서 포도액 생성, 발효, 숙성은 매우 중요한 단계이다.

사람들이 백포도주를 담으려고 한다면 검붉은 포도 껍질을 벗기고 알갱이만 모아 짠 즙에 알코올 발효균을 넣어 발효시키면 되겠지만, 실제로는 청포도를 껍질과 함께 으깨어 담급니다. 그래서 백포도주는 투명하면서도 엷은 황금색을 띠게 됩니다.

적포도주를 만들기 위해서는 껍질 색을 만드는 물질이 우러나오도록 포도 껍질을 포도 알갱이와 같이 으깨어 발효시킵니다.

로제 와인은 검붉은 포도를 통째로 으깨어 발효시키다가 중간에 껍질을 제거해서 적포도주보다 연한 장밋빛 포도주로 만든 것입니다. 포도 껍질에는 폴리페놀 성분의 화합물과 타닌 성분이 많이 들어 있는데, 적포도주에 더 많이 들어 있다고 합니다.

그래서 심장병을 비롯한 여러 가지 병의 예방에 좋다고 하지만, 포도주 역시 술의 한 종류이기에 많이 마시지 않는 것이 좋습니다.

포도주는 포도 껍질에 붙어 있는 자연적 미생물을 이용해 만들 수 있습니다. 앞에서 포도 껍질에 허옇게 묻어 있는 흰색 물질이 바로 포도주로 발효시켜 주는 효모라고 얘기했었죠? 포도 껍질에는 효모가 붙어 있고, 포도에는 당분이 들어 있으므로 포도를 으깨어 놓기만 해도 자연적으로 포도주가 쉽게 만들어질 수가 있습니다. 그렇지만 포도에 붙어 있는 자연적인 미생물 혼합물에는 효모 이외에도 다른 세균이나 잡균이 들어 있어서 예측할 수 없는 발효를 하기도 합니다.

이런 문제를 피하기 위해 포도액을 이산화황으로 살균 처리한 다음에 효모를 접종하여 알코올 발효로 이어지게 합니다.

적당한 효모를 접종한 포도액은 20~25℃ 정도로 3주 정도 발효시킨 다음, 여과해서 모으면 대체로 발효는 거의 끝납니다. 이렇게 갓 발효된 포도주는 색깔이 아주 투명하지 않아 엷은 우윳빛을 띠어 마치 막걸리와 비슷합니다.

포도주 산지에서는 갓 발효된 포도주를 애호가들에게 무료로 내놓고 시음해 보도록 합니다. 물론 이 안에도 1~2% 정도의 포도당 성분이 발효가 안 된 채 남아 있는데, 여과액을 1~2년간 13~15℃ 정도의 시원한 곳에 저장해 두면 발효가 천천히 일어나서 포도주의 당분이 0.2% 이하로 줄어들면서 단맛도 그만큼 줄어듭니다.

발효가 끝난 포도주는 나무통에 넣어 저장하는데, 한 해에 3번 정도 통을 바꾸어 주면서 숙성시킵니다. 숙성된 포도주를 병에 넣고 코르크 마개로 막은 다음, 6개월 이상 다시 숙성시키면 제대로 된 포도주가 완성됩니다.

포도주는 단순히 포도를 으깨어 적당히 발효시킨 것이 아닙니다. 재배한 포도를 수확하여 으깨고 여러 차례 발효 과정을 거친 후, 정성을 기울인 숙성 과정을 통해 포도주가 만들어집니다. 결코 간단하지 않은 과정입니다.

물론 이러한 제조 과정은 형편에 맞게 줄일 수도 있습니다. 그래서 그해 수확한 포도로 포도주를 만들어 11월 셋째 주 자정에 맞추어 내놓는 보졸레 누보라는 포도주도 있답니다.

포도주는 알코올 성분이 많고 적음에 따라서 어느 정도의

차이가 있지만, 그보다는 포도주의 맛과 향기에 따라 포도주의 품질이 주로 결정됩니다. 포도주의 맛은 담백한가 아니면 달콤한가에 따라 크게 2가지로 나눕니다. 담백하다는 것은 포도주에 당이 없기 때문에 그렇게 느껴지는 것입니다(이런 맛을 드라이dry하다고 함). 그리고 달콤하다는 것은 포도주에 여러 종류의 당이 들어 있어서 달게 느껴지는 것입니다(이런 맛을 스위트sweet하다고 함).

담백하고 달콤한 맛은 포도주를 만들 때에 처음부터 포도즙의 당 농도를 조절하면 됩니다. 당이 많으면 발효 과정에서 알코올이 축적되어 당이 완전히 산화되기 전에 발효가 억제되므로 달콤한 포도주를 만들어 냅니다.

또한 포도주의 숙성 과정에서는 향기를 내는 화합물이 축적되면서 포도주 향에 영향을 줍니다. 이처럼 포도주의 맛과 향기는 포도주가 발효되고 숙성되는 모든 과정에서 조금씩 바뀌어 좋은 포도주를 만듭니다.

만화로 본문 읽기

포도에 허옇게 뭔가 묻어 있어요.
혹시 농약이 아닐까요?
아닙니다. 그것은 효모랍니다.

포도에 효모가 붙어 있다고요?
네, 그렇습니다. 그래서 포도 껍질에 붙어 있는 효모를 이용해 포도주를 만들 수 있는 겁니다.

그럼 포도주는 어떻게 만들어지나요?
포도에는 효모 외에도 잡균이 있어 살균을 한 다음에 효모를 접종하여 알코올 발효로 이어지게 합니다.
살균
효모 접종

포도액은 20~25℃ 정도로 3주 정도 발효시킵니다. 이후 포도주는 나무통에 넣어 저장하는데, 한 해에 세 번 정도 통을 바꾸어 주면서 숙성시킵니다.
발효
숙성

숙성된 포도주는 병에 넣고 코르크 마개로 막은 다음, 6개월 이상 다시 숙성시키면 제대로 된 포도주가 완성됩니다.
포도주는 단순히 포도를 으깨어 적당히 발효시키면 되는 게 아니군요.

물론입니다. 포도주는 만드는 사람이 온갖 정성을 기울여야 하고, 또한 그 과정에서 긴 시간이 필요합니다.

다섯 번째 수업

5

발효에 관한 파스퇴르의 생각

우유가 시어지는 것, 사탕무 즙에서 알코올 발효가 일어나는 것,
포도즙이 포도주로, 다시 식초로 바뀌는 변화는 왜 일어나는지 알아봅시다.

5

다섯 번째 수업

발효에 관한 파스퇴르의 생각

교과연계		
교.	초등 과학 5-1	9. 작은 생물
과.	초등 과학 5-2	1. 환경과 생물
연.	고등 과학 1	4. 생명
	고등 생물 I	4. 호흡
계.	고등 생물 II	2. 물질대사

파스퇴르가 평소에 가졌던 의문을 이야기하며 다섯 번째 수업을 시작했다.

이번 시간에는 내가 평소에 가졌던 몇 가지 의문에 대해 생각해 봅시다. 나는 우유가 시어지는 것이나 사탕무 즙에서 알코올 발효가 일어나는 것, 포도즙이 포도주로 바뀌는 것, 포도주가 다시 식초로 바뀌는 것, 이러한 여러 가지 변화 이외에도 고기가 부패하는 것을 비롯하여 유기물에서 나타나는 모든 변화들이 미생물의 활동에 의해 일어나는 것이 아닐까라는 의문을 가졌습니다.

만약에 내가 생각했던 것처럼 여러 가지 변화가 미생물에 의해 일어난다면 과연 이러한 변화를 일으키는 미생물은 어

디에 있을까요? 나는 이런 여러 가지 의문을 생각하며 그에 대한 답을 풀어 나갔습니다.

우유나 사탕무 즙 또는 포도즙이나 포도주 등에는 이전에 없던 새로운 미생물들이 나타난 것인가요? 만약에 그런 것이 아니라면 주위 환경이 그들에게 유리한 조건으로 바뀌자마자 그들이 생활할 수 있도록 어디엔가 숨어 있었던 것은 아니었을까요?

나뿐만 아니라 오래전부터 많은 사람들이 이에 대해 궁금하게 여겼으며, 해결하고자 노력했습니다. 게다가 미생물이 저절로 생겨난다고 생각하는 사람들은 발효 과정에 의해 새로운 물질이 만들어지는 것이나, 부패가 진행되면서 물질이 변하는 것 모두가 끊임없이 새로 생겨나는 것이 있기 때문이라고 믿었습니다.

그러나 나는 이와 같은 많은 사람들의 믿음을 간단히 반박해 버렸습니다. 마치 오랫동안 앓던 이를 뺀 것처럼 시원하게 말이지요. 이처럼 내가 오래된 논쟁을 깨끗이 정리할 수 있었던 까닭은 실험과 이론을 바탕으로 한 과학자로서 탁월한 능력이 있기 때문만이 아니었습니다. 그것이 가능했던 이유는 이런 의문들 속에는 생명체가 관여한 것이라고 보았기 때문입니다.

다시 말해서 나는 미생물이 만들어 내는 특별한 화학적인 생명 현상이라 하더라도 미생물이라는 존재를 의식하고 그것을 하나의 생명체로 대접해 주었기에 그들의 생리 현상을 이해할 수 있었다고 봅니다. 물론 이러한 문제 해결 정신이 많은 사람들로 하여금 나를 능력 있는 과학자로 평가하도록 하였습니다. 그리고 나의 업적은 많은 사람들에게 실제적인 도움을 주었습니다.

파스퇴르의 알코올 발효 실험

발효가 되었든 부패가 되었든 물질의 변화 과정 속에는 그러한 과정에 관여하는 많은 미생물들이 있습니다. 그리고 그러한 미생물이 존재하기 때문에 물질이 바뀌는 것이라는 나의 믿음에서부터 미생물의 존재 이유와 그 가치를 추측해 볼 수 있습니다. 발효에 대한 실험을 어떻게 시작했는지 살펴본다면 미생물에 대해 어떠한 생각을 가지고 있었는지 엿볼 수도 있습니다.

예를 들면 나는 '가느다란 침으로 포도 껍질을 다치지 않고 즙을 제거한다면 포도는 어떻게 변할까? 그리고 이렇게 물기

가 빠진 포도가 공기나 다른 물체와 접촉하지 않는다면 포도가 발효되지 않을 것'이라고 생각했습니다. 물론 여기에서는 효모가 첨가되지 않는다는 것이 전제 조건이기에 가능한 이야기입니다.

1878년에 효모가 자연적으로 발생한다는 많은 사람들의 생각에 대해 다른 설명을 해 주고자 아주 특별한 실험을 계획하였습니다. 나는 실험을 위해 서둘러서 쥐라 산맥 근처 포도원에 수십 cm^2 크기의 온실 여러 채를 주문했습니다. 도대체 온실 속에서 무슨 실험을 했을까요? 이른 봄부터 거의 밀폐되다시피 한 온실 안에서 포도를 아주 깨끗하게 재배하였습니다. 그리고 온실은 외부와 접촉을 최대한 막으면서 어떠한 미생물도 침입하지 못하도록 했습니다.

내가 시험 재배하면서 기른 온실 안 포도를 7월 말에 조사한 결과, 효모가 보이지 않았습니다. 그리고 10월 말에 수확한 포도 껍질에서도 효모를 찾을 수 없었습니다. 이렇게 온실 안에서 자란 포도에서는 효모의 흔적을 찾아볼 수 없었습니다. 그렇기 때문에 온실 안에서 깨끗이 자란 포도는 으깨지더라도 발효하거나 포도주를 만들 수 없어야 한다고 나는 생각했습니다. 그러나 그것만으로 효모에 의한 알코올 발효를 모두 설명할 수는 없었습니다.

마지막 실험으로 온실에서 수확한 포도로 알코올 발효를 시도해 보았습니다. 여러 번 알코올 발효를 시도해 보았지만, 솜 마개로 막은 병 속의 포도송이에서는 한 방울의 알코올도 얻을 수 없었습니다. 그것은 온실에서 깨끗이 재배한 포도 껍질에는 알코올 발효를 할 수 있는 효모가 붙어 있지 않았기 때문이었습니다. 다시 말해서 알코올을 만들어 주는 효모가 있어야 비로소 포도가 포도주로 변한다는 사실을 실험으로 확인한 것입니다.

물론 알코올 발효가 효모에 의해 일어난다는 것을 확인하기 위해서라면 온실 속에서 기른 포도를 외부와 통하게 문을 열어 주면 이 포도에서는 당연히 알코올 발효가 일어날 것입니다. 또한 온실 밖에서 자란 포도는 포도 껍질에 효모가 붙어 있기에 포도송이를 그냥 놔두거나 으깨 놓으면 당연히 알코올 발효가 일어나는 것입니다.

이렇게 한 가지 실험에서 목적으로 한 실험에 대해 반대되는 실험을 하여 결과를 비교해야 합니다. 당연한 결과가 나오는 실험을 함께 해서 그 결과를 뚜렷이 비교해 주는 것은 목적으로 하는 실험 결과를 제대로 설명해 줄 수 있습니다. 이러한 실험을 대조 실험이라 부르고, 이러한 대조 실험이야말로 서로 다른 2가지를 비교하는 실험에서 그만큼 중요한

의미를 갖고 있습니다.

이처럼 효모에 의해 알코올 발효가 일어난다는 사실은 지금 생각해 보면 아주 당연한 일입니다. 이러한 사실을 확인할 수 있도록 효모가 붙어 있는 포도와 그렇지 않은 포도를 이용해서 내가 다시 실험으로 보여 준 것은 너무나도 당연한 실험 결과입니다. 이렇게 한 가지 사실을 증명하기 위해 아주 간단하고도 명확한 실험을 고안하여 상대편을 꼼짝 못하게 설득시킬 수 있었습니다. 이것이야말로 바로 과학 실험의 한 가지 명확한 장점이기도 합니다.

미생물이 생물학적으로 일으키는 발효 과정을 방해할 수 있다는 사실을 내가 알게 된 것은 릴에서 하였던 알코올 발효에 대한 나의 초기 실험에서 비롯되었습니다. 그 후 나는 발효가 정상적으로 일어났을 때에 현미경 아래에서 드러나는 모습은 전형적인 구조를 갖춘 효모 소구체임을 알았습니다. 이에 비해서 현미경으로 볼 수 있었던 더 작은 크기의 다른 미생물은 발효가 정상적으로 일어나지 않았을 때에 많이 나타난다는 사실을 또한 알게 되었습니다.

1858년 9월에 아르부아에 있는 시골집에서 휴가를 즐기던 중 변질된 포도주를 현미경으로 조사할 기회를 가졌습니다. 그때 변질된 포도주 안에서 나중에 찾아낸 젖산균과 비슷한 모양의 미생물을 볼 수 있었습니다. 이때의 관찰과 릴의 증류주 제조장에서 겪었던 경험을 토대로 발효가 정상적으로 이루어지지 않고 '변질'된 것은 바로 발효 액체에서 효모와 경쟁하던 다른 미생물에 의해 비롯된 것이라는 결론을 이끌어 내었습니다. 나중에 식초 생산에 대한 연구를 진행하였을 때에도 이와 비슷한 생각을 이끌어 내기 위하여 더 깊이 있는 실험을 하였고, 운이 좋게도 그에 따른 증거를 얻을 수 있었습니다.

미생물의 배종설

내가 처음으로 확인하였던 자연 발생설 부정 실험이나 효모에 의한 알코올 발효 과정은 생명의 기원에 대해 잘 설명해 주지 않습니다. 생명이 처음으로 나타났던 조건에 대해서는 아직까지도 구체적인 설명이 부족한 편이고, 어떤 물질로부터 생명이 생겨났는지에 대해서조차 지금까지 어느 누구도 확실히 이야기하지 못하고 있습니다. 그렇더라도 많은 사람들이 생각하는 것처럼 생명 문제에 대해 내가 크게 기여한 점이 있다면 그것은 당연히 '철저히 멸균되었고 그 이후에 바깥

에 노출되는 오염으로부터 벗어난 배양액에서는 미생물이 생겨나지 않는다' 는 사실을 알려 준 것입니다.

"콩 심은 데 콩 나고, 팥 심은 데 팥 난다."라는 말처럼 눈에 보이지 않는 미생물이지만, 어미라고 할 수 있는 미생물이 있어야 그로부터 새끼라고 할 수 있는 미생물이 생긴다는 것을 확실히 알려 주었습니다.

박테리아라고 불리는 세균은 어느 정도 몸집이 불어나면 2개로 쪼개지는 '이분법'이라는 증식 방법을 보여 줍니다. 그래서 박테리아의 세계에서는 부모와 자식이라는 표현이 딱 들어맞지 않는다고 할 수 있습니다. 다만 중요한 점은 부모에 해당하는 존재가 있어야 비로소 자식에 해당하는 미생물이 나타날 수 있다는 점을 확인할 수 있다는 것입니다. 이러한 설명을 이른바 배종설(The Germ Theory)이라고 합니다.

배종설이라는 개념은 생명에 대한 철학적인 설명이 아니라 실제로 일어난 현상을 보고 말하는 과학적인 설명입니다. 더욱이 배종설의 개념을 바탕으로 삼아 자연 속에서 흔히 볼 수 있는 발효 과정이나 부패 또는 분해 과정이 저절로 일어나는 것이 아니라는 사실을 알려 줍니다. 즉 이러한 생물적인 현상은 살아 있는 미생물이 있어야 비로소 일어난다는 점을 사람들에게 가르쳐 주고 있습니다.

다시 말하면 미생물은 발효하거나 분해하는 액체 안에 들어와 제 할 일을 하면서 사는 것을 말해 줍니다. 한편으로는 멸균된 상태로 유지되는 멸균 액은 영원히 멸균된 채로 남는다는 것도 말해 줍니다.

배종설은 우리에게 또 다른 학문의 세계를 보여 주었습니다. 눈에 보이지 않는 아주 작은 크기의 미생물을 없애는 방법을 알게 되었습니다. 그리고 이러한 방법을 이용하여 미생물이 없는 아주 깨끗한 상태를 유지하며 여러 가지 실험을 할 수 있도록 해 주었습니다. 사람들이 필요에 따라 구분해 놓은 그릇이나 외부에서 들어오는 아주 작은 미생물을 제거하는 것을 살균이라고 합니다. 그리고 미생물이 하나도 없는 상태로 만드는 것을 무균 조작이라 부릅니다. 이러한 살균과 무균 조작이라는 기본적인 기술은 1860~1880년에 알려졌습니다.

살균이나 무균 조작을 생각하며 사람들이 살고 있는 세상을 거꾸로 본다면 또다시 새로운 학문 분야를 확인할 수 있습니다. 우선 사람들이 살고 있는 환경 속에서는, 아니 그보다도 사람들이 잠시라도 떨어질 수 없는 공기와 물 그리고 땅에서는 수많은 미생물이 존재한다는 사실을 금방 알 수가 있습니다. 이러한 미생물 가운데에서도 사람들의 특별한 관심을

끌고 있는 것이라면 무엇보다도 세균을 꼽을 수 있습니다. 세균은 어떤 종류가 있고 어떻게 처리해야 사람들이 안심할 수 있는지 등에 대해 사람들이 연구하기 시작했습니다. 그래서 사람들은 이전에는 그저 호기심 수준에 머물렀던 세균의 실체에 대해서 눈을 뜨게 되었고, 조금 더 앞으로 나아가면서 세균학이라는 세계가 조금씩 열리게 되었습니다.

한 가지 예를 들어 본다면 우리 몸은 물론이고 동물의 몸도 무균 상태입니다. 이와 동시에 혈액과 오줌에도 세균을 비롯한 다른 미생물이 없다는 것을 알 수 있습니다. 그러기에 적절한 무균 조작을 하면서 혈액이나 오줌을 보관하면 역시 오랫동안 보관할 수 있으리라는 생각도 가능하게 해 주었습니다. 그것은 미생물에 의한 발효나 부패가 일어나지 않기 때문입니다.

이러한 생각과 실험을 바탕으로 세균을 비롯한 여러 가지 미생물에 대한 실험을 하면서 우리 몸에 대해서도 더 확실히 이해할 수 있게 해 주었습니다. 그래서 세균학을 비롯한 미생물학이라는 학문이 발달하는 밑바닥에는 나의 실험적인 사고가 널리 깔려 있다고 보아도 크게 틀리지는 않을 것입니다.

미생물은 산소가 없어도 살까?

발효에 대한 내 생각 가운데에 한 가지 빼놓을 수 없는 것이 있습니다. 바로 발효 과정에서 산소가 어떠한 영향을 끼치는가 하는 점입니다. 발효가 분명히 미생물의 생리 작용에 따르는 것이라고 설명하고 있지만, 이제까지 사람들이 이해하고 있는 것은 모든 생물이 살아가는 데 산소가 필요하다는 점입니다. 우리가 숨을 쉬어야 사는 것과 마찬가지로 다른 동물과 식물도 살기 위해서는 산소가 필요하다는 점을 알고 있습니다. 그런데 미생물은 과연 어떠할까요?

당시에 미생물을 배양하는 조건을 살펴본다면 배양액은 당연히 산소와 접촉하는 상태였습니다. 그래서 미생물이 살아가는 데에 산소라는 조건은 생각할 것도 없이 생리 작용에 당연히 필요한 것이라고 생각하였습니다. 그리고 그러한 생각에서 조금이라도 다른 내용은 생각조차 하려 들지 않았습니다.

내가 공기가 없는 곳에서도 살 수 있는 세균이 있다는 것을 이야기했을 때에 사람들의 반응은 한 마디로 놀라움이었습니다. 언제인가 나는 당분 용액이 뷰티르산(낙산)으로 바뀐다는 것을 알고서 당분 용액 한 방울을 현미경으로 관찰하였습니다. 용액 속에는 세균이 들어 있었기에 처음에는 세균들이

바삐 움직였습니다. 그러다가 나중에 들여다보았을 때에는 방울 한가운데에서는 세균의 움직임이 보이는데 주변에는 움직임이 없었습니다.

현미경 아래에서 볼 수 있는 이렇게 단순한 관찰이었는데도 나는 '어쩌면 공기가 세균에게는 해로운 것이 아닐까?' 하고 생각하였습니다. 그러나 그것은 그저 한 번의 관찰이었기에 그 이상의 확실한 증거가 필요하였습니다. 그러나 아무리 따져 보아도 그러한 결과만 나타났습니다. 더욱이 당분 용액이 공기에 닿지 않거나 공기와 섞이지 않을 때에는 오히려 뷰티르산이 자주 나타난다는 사실도 함께 찾아내었습니다. 이렇게 관찰을 통해서 얻어 낸 사실을 근거로 뷰티르산 발효는 산소가 없이도 일어날 수 있다는 것을 깨닫게 되었습니다.

물론 산소 없이도 미생물의 생명 활동이 가능하다는 사실은 이제까지 많은 사람들이 생각하던 것과 정반대의 생각이었습니다. 그래서 아무도 새로운 사실을 보려 하지 않았기 때문에 그러한 생각을 이야기하지도 않았습니다. 나 역시 이러한 가능성을 완전히 이해하지는 못하였습니다. 그래서 곧바로 더 이상의 소동을 일으키지 않기 위해 산소가 없는 생명이라는 뜻으로 혐기성이라는 말을 사용하였습니다. 이 말은 공기가 있다는 뜻의 호기성에 상대되는 말입니다. 이렇게 해서 혐기적인 조건에서도 살 수 있는 미생물의 존재를 사람들이 어렴풋이 이해하게 되었습니다.

산소가 없는 혐기적인 조건에서 발효가 일어난다는 생각은 가히 놀랄 만한 일이었습니다. 이제까지 대부분의 발효 과정을 보더라도 미생물에게 산소가 필요하다고 생각했었습니다. 그리고 대부분의 발효 미생물이 산소가 있는 상태에서 활발한 생명 활동을 보여 주었습니다. 그뿐만 아니라 많은 경우에 산소가 있는 곳에서 더 많은 결과물을 생산하는 것도 많았습니다. 예를 들면 아세트산 발효의 경우를 보아도 그렇습니다. 나는 산소와 접촉이 활발히 일어나는 넓은 표면에서 더 많은 양의 아세트산이 생성된다는 사실을 실험으로 밝혀냈습니다.

그런데 효모를 이용한 알코올 발효 과정에서 흥미로운 점은 효모가 공기가 있는 것은 물론이거니와 없는 곳에서도 모두 자랄 수 있다는 것입니다. 효모가 자라는 모습을 살펴보면 충분한 먹이가 있다 하더라도 공기가 없는, 즉 공기와 접촉하지 않는 곳에서는 효모가 천천히 자란다는 사실을 알게 되었습니다. 더욱 놀라운 사실은 이때의 알코올 발효가 오랫동안 이어진다는 사실입니다. 더욱이 효모가 발효 과정에서 당분을 알코올과 이산화탄소로 바꾸어 주는데, 이때 만들어

지는 양이 훨씬 더 많다는 놀라운 사실을 알게 되었습니다.

내가 조심스럽게 실험 결과를 비교해 보더라도 그러한 차이를 뚜렷이 알 수 있었습니다. 나는 100g의 당분을 알코올로 바꾸려면 공기가 없는 상태에서 0.5~0.7g의 효모를 넣어 주면 충분하였습니다. 그런데 발효하는 동안에 공기를 넣어 주면 효모의 증식이 빨라지면서 효모의 무게에 비해서 생성되는 알코올의 양이 훨씬 줄어들었습니다. 더 나아가 발효하는 동안에 산소를 너무 많이 넣어 주면 알코올은 거의 만들어지지 않고 효모만 엄청나게 불어나 버렸습니다. 실험 결과로 보면 효모 무게를 기준으로 발효시킬 수 있는 당분의 비율이 1:200에서 1:150 정도였으나, 산소가 공급되면서 1:5 정도로 형편없이 줄어들어 버렸습니다.

이러한 실험 결과를 보고 살아 있는 미생물이 2가지 서로 다른 메커니즘에 따라 에너지를 얻어 살아가는 것이라고 생각하였습니다. 하나는 산소를 이용하는 것입니다. 이 방법은 미생물이 섭취한 영양분을 거의 완전히 산화시켜서 많은 에너지를 만들어 이용하는 것으로 효과가 매우 큽니다. 다른 하나는 산소 없이 일어나는 작용으로 여기에서는 에너지의 소모가 많습니다.

예를 들면 당분이 알코올이나 뷰티르산으로 바뀌면서 생기는 화학적인 에너지를 미생물이 이용하는 것입니다. 그런데 이렇게 생성된 에너지는 양이 매우 적고 따라서 비효율적입니다.

더욱이 이렇게 만들어진 알코올이나 뷰티르산을 미생물이 더 이상 산화시키지도 못하므로, 쓸데없는 물질이 되어 버리고 에너지 생산의 효율이 떨어지게 됩니다. 그런데 이 과정에서 생산되는 쓸데없는 물질이 우리에게는 아주 유용한 물질이 되기도 합니다. 그래서 이러한 과정이야말로 우리에게 '발효'라는 또 다른 이야기를 만들어 준 것입니다.

이제 효모로 다시 돌아와 근본적인 이야기를 마저 끝내기로 하지요. 효모는 산소를 이용하여 거의 완전한 산화 작용을 일으켜 많은 에너지를 만들어 내면서 아주 효율적인 호기적인 삶을 살 수 있습니다. 다른 한편으로는 산소가 없으면 당분을 충분히 산화시키지 못하여 많은 에너지를 얻지 못한 채 허덕이는 혐기적인 삶을 살기도 합니다. 이때에는 충분히 산화되지 않는 산물로 알코올을 남겨 놓습니다.

우리가 중요하게 여기는 '발효'는 이 효모로 하여금 혐기적인 상태에서 살면서 당분으로부터 그리 많지 않은 에너지를 겨우 얻고 대신에 많은 알코올을 만들어 내도록 하는 방법인 셈입니다.

간단히 요약하면 '발효란 공기가 없을 때의 호흡'입니다. 나는 이에 대한 실험 결과가 쌓이면서 이러한 현상이 효모와 세균에서만 일어나는 것이 아니라 생물에서 일반적으로 일어나는 현상이라는 사실도 알게 되었습니다.

과일을 공기가 잘 통하는 곳에 놓아두면 달콤하게 익지만, 밀폐된 곳에 놓아두면 단맛이 없어지고 더 나아가 알코올을 만들기도 하는 것이 그러한 예입니다. 우리 몸의 근육 세포도 세균이 하는 것처럼 당분을 젖산으로 바꾸면서 어느 정도 에너지를 만들어 낸다는 사실도 이와 아주 비슷한 예입니다. 물론 근육 세포가 만드는 에너지는 양도 적지만, 젖산이 축적되면 독소로 작용한다는 것도 널리 알려진 사실입니다.

이처럼 나는 효모를 이용한 발효 작용이 생물체 안에서 특별히 일어나는 생리 현상이라는 사실까지 살펴보면서 생화학적인 발전을 이루게 하였습니다.

만화로 본문 읽기

산소 없이 살 수 있는 생물은 없어.
아니야, 산소 없이 살 수 있는 생물도 있다고 들었다고!

선생님, 산소 없이 살 수 있는 생물이 있나요?
있습니다. 옛날에 내가 공기가 없는 곳에서도 살 수 있는 세균이 있다는 것을 이야기했을 때 사람들은 엄청 놀랐었지요.

당분 용액을 관찰하자 처음에 용액 속 세균들이 바삐 움직이다가 나중에 보니까 방울 한가운데에서는 세균의 움직임이 보이는데 주변에는 움직임이 없었습니다.

나는 '어쩌면 공기가 세균에게는 해로운 것이 아닐까?' 라고 생각하였습니다.
그 세균은 산소 없이 살 수 있었군요?
내 말이 맞지?

흥미로운 점은 효모가 공기가 있는 곳은 물론이거니와 없는 곳에서도 모두 자랄 수 있다는 것입니다.
정말요?
대단하네요.

이후 여러 가지 연구를 통해 미생물이 이런 2가지 서로 다른 메커니즘에 따라 살아갈 수 있다는 것을 알았답니다.

여섯 번째 수업

6

저온 살균법의 개발

파스퇴르가 발견한 포도주
살균법은 무엇일까요?

6

여섯 번째 수업

저온 살균법의 개발

교.	초등 과학 5-1	9. 작은 생물
과.	초등 과학 5-2	1. 환경과 생물
연.	고등 과학 1	4. 생명
계.	고등 생물 I	4. 호흡
	고등 생물 II	2. 물질대사

파스퇴르가 미생물을 다루는 방법에 대한 이야기로 여섯 번째 수업을 시작했다.

미생물을 다룰 때에는 모든 연구자들이 세심한 주의를 기울여야 합니다. 과학 실험이 모두 그렇듯이 사소한 상식을 잘 지키는 습관을 길러야 합니다. 실험하는 동안에 미생물이 바깥으로 빠져나갈 가능성이 있으면 반드시 생물 안전 캐비닛 안에서 진행해야 합니다. 아무리 병을 일으키지 않는 비병원성 미생물이라 하더라도 언제 어떻게 변하여 사람에게 해를 끼칠지 모르기 때문입니다.

그러기에 미생물 실험을 진행하는 실험대와 배양기는 주기적으로 소독해서 미생물의 전파를 막아야 합니다. 그뿐만 아

니라 미생물을 죽이는 멸균기는 확실하게 멸균할 수 있도록 항상 정비해 두고 이용해야 합니다. 그 밖에도 실험실에서 일하는 사람들은 실험을 시작하기 전후에 반드시 손을 깨끗이 씻어야 합니다. 이러한 작은 행동들이 미생물을 다룰 때의 기본 자세랍니다.

미생물은 눈으로 볼 수 없는 작은 크기이므로 조금만 한눈팔면 어디로 갔는지, 아니면 어디에서 왔는지 확인할 수가 없습니다. 게다가 여러 가지 미생물 가운데에서 좋은 미생물도 있지만, 나쁜 미생물도 많이 있습니다. 그런데 어느 것이 좋고 나쁜지는 눈으로 보아 구별할 수 없기 때문에 그것이 어떠한지를 정확히 알 수가 없습니다.

따라서 미생물이 좋은지 나쁜지는 이를 확인하는 실험을 거친 후에야 비로소 판정할 수 있습니다. 판정이 내려질 때까지는 미생물의 자세한 성질을 알 수 없기에 조심해야 합니다.

앞에서 설명한 것과 같이 미생물을 죽이는 것을 살균이라 합니다. 그야말로 균을 죽인다는 뜻입니다. 이와 비슷한 말로 멸균이라는 말도 있습니다. 살균이나 멸균 모두가 물리적이거나 화학적인 방법을 동원하여 균을 죽이는 것이지만, 멸균을 하게 되면 미생물은 물론 포자나 그 밖의 감염체가 전혀 존재하지 않게 됩니다.

멸균에 비해서 살균은 병을 일으키는 미생물을 죽이거나 생장을 억제하면서 미생물을 제거하는 과정입니다. 살균하는 일차적인 목적은 잠재적인 병원체를 제거하는 것이지요. 그렇기 때문에 살균을 하고 나면 전체 미생물 집단이 크게 줄어듭니다.

우리는 살균하는 데 쓰는 화학 약품을 살균제라고 하는데, 이런 살균제를 여러 가지 도구를 살균하는 데 많이 이용합니다. 살균제로 도구를 살균하더라도 미생물을 반드시 멸균할 수 있는 것은 아닙니다. 그 이유는 살균제를 처리하더라도 적은 수의 미생물이 남아 있을 수 있기 때문입니다.

이러한 점에서 살균과 위생 처리는 아주 비슷하다고 말할 수 있습니다. 더욱이 위생 처리라고 하면 우리에게 해로운 병원균을 제거하는 것으로 생각하며, 누구나 소독이라는 말을 먼저 떠올립니다. 공중 위생이라는 기준에서 볼 때에 소독을 하고 나면 미생물 집단의 크기가 안전한 수준으로 줄어듭니다. 그래서 소독이라는 말조차도 경우에 따라서는 살균이나 멸균의 의미로 함께 쓰일 때가 많습니다.

어쨌거나 우리가 살아가는 동안에 쓰는 여러 가지 도구는 대개 깨끗이 씻어 살균해야 하며, 경우에 따라서는 살균제나

소독제 등의 약품을 이용하여 미생물을 없애기도 합니다.

좋은 미생물과 나쁜 미생물

미생물이 좋은지 나쁜지는 생각하기에 달렸습니다. 일반적으로 도움을 주는 미생물은 좋은 미생물이라고 하고, 이와 반대로 우리에게 해를 끼치는 미생물은 나쁜 미생물이라고 합니다. 이러한 구분은 사람을 중심으로 볼 때에 당연한 구분입니다. 그러나 조금 생각을 바꿔 보면 새로운 사실을 알 수 있습니다.

예를 들면 부패를 일으키는 미생물이 지금 당장은 나빠 보이지만, 결국에는 좋은 일을 하게 될 때가 생깁니다. 모든 병원균이 나쁜 것만은 아닙니다. 그 때문에 자연 속에서 살아가는 생물의 전체 숫자가 일정한 수준으로 조절된다면 그 또한 결코 나쁜 미생물이라고만 말하기도 어려워집니다. 이렇게 미생물이 좋고 나쁘다는 것은 의외의 결과가 나타날 수 있으므로 최종적으로 결론 내리기를 미루는 것도 그다지 나쁘다고만 할 수 없습니다.

어떤 미생물이 좋은 미생물인지 아니면 나쁜 미생물인지

균이 구분하지 않더라도 모든 미생물이 자연적으로 발생하지 않는다는 사실을 증명한 나의 실험 결과는 드디어 미생물에 대한 연구를 새로운 방향으로 나아가도록 만들었습니다. 다시 말하면, 나의 연구는 미생물을 없애거나 미생물의 생장을 억제하거나, 또는 그다음에 일어나는 오염을 최소화하는 기술을 개발하도록 이끌었습니다.

이러한 과학과 기술의 발전은 곧바로 식품을 생산하는 과정과 식품을 준비하고 보존하는 과정을 비롯하여 다른 산업 공정에서 상당한 기술 발전을 이루는 데 밑거름이 되었습니다.

포도주, 식초 및 맥주를 실험하다

포도주에서 이상한 변화가 나타난 것을 알게 된 내가 어떻게 이 문제를 해결했는지 살펴보는 것은 매우 흥미로운 일입니다. 포도주에 변화가 일어나면 사람들은 포도주를 마실 수 없으므로 내버려야 합니다. 그렇게 되면 포도주를 생산하는 사람들은 큰 어려움을 당하게 되겠지요. 그러한 어려움을 해결해 주는 것이 나를 비롯한 과학자들의 당연한 몫이라고 할 것입니다.

포도주가 시어지는 것은 포도주에서 일어나는 가장 흔한 부패 현상 가운데 하나입니다. 나는 이러한 변화가 포도주를 식초로 변화시킨 세균에 의해 일어난 것과 비슷하거나, 아니면 그것과 동일한 과정에 의해 알코올이 아세트산으로 변화된 것이라고 생각하였습니다. 물론 포도주가 변하는 것에는 시어지는 일만이 아니라 포도주의 질이 나빠지는 변화가 일어나기도 합니다.

이를테면 보르도 포도주가 변하는 것은 물론이고, 부르군디 포도주가 쓰게 되거나 샴페인이 끈적끈적하게 되는 것이 그러한 예입니다. 이들 변화는 나중에 알게 된 것이지만, 거의 모두가 미생물에 의해 일어납니다.

그리고 나는 '포도주의 병'이라고 할 수 있는 이러한 '변질' 역시 외부에서 들어온 미생물에 의한 오염으로부터 비롯되었다는 생각을 실험으로 증명할 수 있었습니다.

내 어릴 적 친구 몇 명이 아르부아에서 잘 갖추어진 포도주 저장실을 갖고 있었습니다. 휴가를 즐기려고 고향으로 내려온 나는 이 친구들의 부탁을 받고 즉시 그곳에 간이 실험실을 만든 뒤 '포도주의 병'의 원인을 조사하였습니다. 비어 있는 헛간에 실험대와 필요한 그릇을 준비하고, 유리 기구와 현미경을 들여놓아 간단한 실험을 시작하였답니다. 내게 제공된 모든 정상적이거나 또는 변질된 포도주들을 현미경을 이용해 체계적으로 검사하였습니다.

실험은 처음부터 제대로 시작한 연구였기에 내 수고는 곧 바로 성공으로 이어졌고, 그에 상응하는 보상을 받을 수 있었습니다. 왜냐하면 한 실험 재료에 어떤 결함이 있을 때마다 효모 세포와 섞여 있는 분명히 다른 모습을 한 미생물을 발견하였기 때문입니다. 나는 아주 능숙하게 이들 다른 종류의 미생물을 찾을 수 있었고, 실험하면서 포도주의 특별한 맛과 향의 변화를 예상할 수 있었습니다.

다시 말해서 '정상적인' 포도주에는 다른 데에서 들어온 미생물이 없었으며 효모 세포만 관찰되었습니다. 이러한 실험을 해 나가면서 한편으로는 식초에서도 이와 비슷한 실험 결과를 얻을 수 있었습니다. 여기에서 식초의 품질을 결정하는 식초 미생물이었던 미코데르마 아세티(*Mycoderma aceti*)라는 미생물과 다른 미생물이 뒤섞여 있는 것을 찾아내었습니다.

포도주와 식초는 물론이고 맥주에서도 가끔씩 이와 같은 변화가 일어나는 것을 알았고, 특별히 여름에는 신맛이 나서 역겹기조차 하였습니다. 나는 이러한 모든 변화가 항상 현미경으로만 볼 수 있는 작은 크기의 미생물에서 비롯된다는 것을 밝혀내었습니다. 그리고 1870~1871년에 발발한 프로이

센 · 프랑스 전쟁 후에 양조 기술을 개선하는 연구에 착수하였습니다. 이는 프랑스 맥주의 질을 개선함으로써 유명한 독일산 맥주의 질을 능가하여 프랑스의 명성을 높이고자 한 시도였습니다.

한동안 양조장으로 바뀐 내 실험실과 영국의 휫브레드 양조장에서 한 연구 결과는 포도주에서와 같은 결론을 이끌었습니다. 바로 '맥아즙에서 그리고 맥주 안에서 일어난 질적인 변화는 효모에 의해서 일어나는 것과 완전히 다른 자연에 있는 또 다른 미생물 때문'이라는 것이었습니다.

그렇지만 아무리 애를 써도 효모가 알코올을 만들어 내는 그릇 안에 다른 미생물이 들어가는 것(이것은 잡균이 들어간다 하여 오염이라고 함)을 완전히 막을 수 없다는 사실을 알았습니다.

그러므로 이 문제를 해결하려면 다른 미생물이 발효 용기 안으로 들어간 후에라도 뒤이어 미생물 작용이 일어나지 않도록 억제해야 했습니다. 나는 마지막 과정에서 여러 가지 살균제를 첨가하는 방법을 처음 시도해 보았습니다. 그런데 실험 결과는 그리 좋지도 않았고, 나쁘지도 않았습니다. 그래서 꽤나 망설인 다음에 살균법의 하나인 가열 방법을 사용하는 것이 어떨까 생각해 보았습니다.

'저온 살균법'을 개발하다

나는 프랑스에서 이름난 포도주 산지 가운데 한 곳에서 태어나 성장하였기에 어렸을 때부터 포도주에 익숙했습니다. 그래서 내가 음료를 열처리하여 보관하는 실험 대상으로 포도주를 선택한 것은 자연스러운 일이었습니다.

나는 포도주를 가열하는 데 특히 맛과 향의 변화에 주목하면서 아주 조심스럽게 실험을 진행하였습니다. 여러 차례 반복하여 실험하면서 한 가지 가능성을 찾아내었습니다.

그것은 만약에 실험한 포도주 병 안에 원래부터 들어 있던 산소가 전부 소모되었다면, 온도를 조금씩 높여 55℃까지 가열하더라도 포도주의 향기가 크게 변화되지는 않을 것이라는 생각이었습니다.

이러한 생각이 포도주의 부분 살균 과정을 이끌었고, 마침내 '파스퇴르 살균법(저온 살균법)'이라는 이름으로 전 세계에 널리 알려졌습니다. 이 살균법은 포도주만이 아니라 맥주를 비롯하여 사이다, 식초, 우유 등 많은 종류의 부패하기 쉬운 음료수나 음식 및 유기 산물에 적용할 수 있게 되었고, 나아가 산업적으로도 널리 쓰이게 되었답니다.

이제 내가 저온 살균법을 어떻게 포도주에 이용하였는지

그 방법에 대해서 알아봅시다.

아래 그림을 보면 얼마 되지 않는 적은 수의 포도주 병이 물통 안에 잠겨 목만 물 밖으로 내밀고 있습니다. 물통은 가스 불로 가열해 온도를 높입니다. 가열하는 동안에 병에 들어 있는 포도주가 팽창하면서 병마개를 밀어내므로 철사로 병마개를 단단히 붙들어 맵니다. 물론 병마개 주위로 포도주가 조금 스며 나오는데 그것은 그리 염려할 바가 아닙니다. 병이 식으면서 포도주 부피가 줄어들어 진공이 생기면 병마개가 꽉 죄어들어 닫히고 그 후에 저장소에 저장합니다.

그런데 한꺼번에 많은 수의 포도주 병을 가열하려면 조금

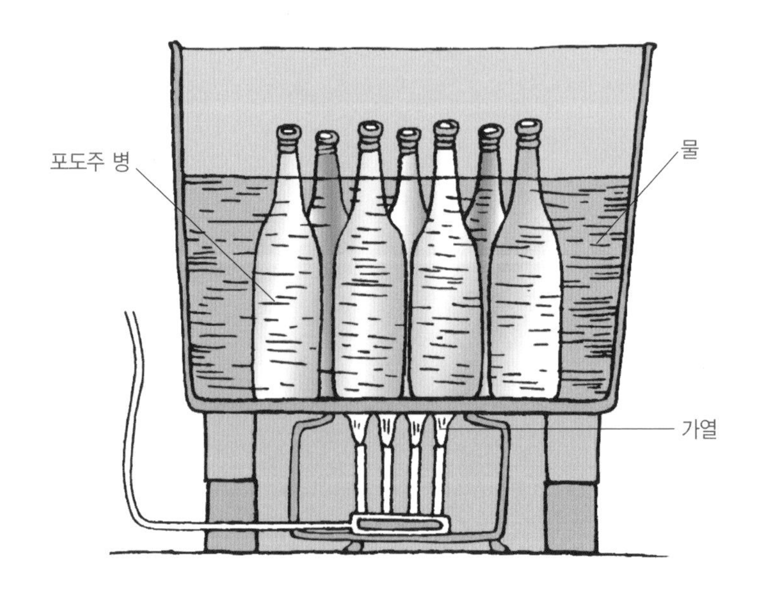

은 다른 방법을 써야 합니다. 그래서 포도주 200병까지 가열할 수 있는 큰 용량의 가열 통을 고안했습니다. 이 방법에서는 뜨거운 물 대신에 뜨거운 공기를 이용하였습니다. 아래쪽 가스버너로 금속판을 달구어 통 안의 온도를 올렸습니다. 그런데 나는 이 가열 통으로는 통 안에 넣어 둔 모든 포도주 병을 똑같은 온도로 데우기 어렵다는 것을 알았습니다. 따라서 또 다른 효과적인 가열 방법을 찾아내야만 했습니다.

많은 사람들이 나를 위대한 과학자로 평가하는 데는 이유가 있습니다. 그것은 내가 '저온 살균법'에 대한 이론적인 기초를 마련하는 데 그치지 않고, 많은 사람들이 실생활에 이용할 수 있도록 싼 비용으로 포도주를 효과적으로 가열하는 방법까지 찾아내었기 때문입니다. 더욱이 효과적인 가열 방법을 이용해 산업 장비로 개발하는 데에도 노력을 아끼지 않았답니다.

나는 포도주를 병째로 살균하는 방법이 어느 정도 가능하다는 것을 알게 되었습니다. 그런데 포도주 산업의 경쟁력을 위해서는 병보다도 큰 통에 담은 포도주를 살균하는 또 다른 방법을 찾아야 했습니다. 왜냐하면 30 L 정도 들어가는 제법 큰 통의 포도주를 살균하기 위해 포도주 생산을 주업으로 하는 농민들이 일일이 병에 나누어 담아 살균할 수는 없는 노릇

이었기 때문입니다.

그래서 마개를 헐겁게 막아 놓은 포도주 통의 주둥이 높이까지 물을 채운 금속 통을 물통으로 이용하는 실험을 하였습니다. 이 방법은 손쉽게 음식을 데우기 위해 흔히 사용하는 '중탕'과 비슷합니다. 이를테면 솥이나 냄비에 물을 조금 붓고 물 위에 띄운 그릇 안 음식을 넣은 채 물을 뜨겁게 해서 데우는 방법입니다.

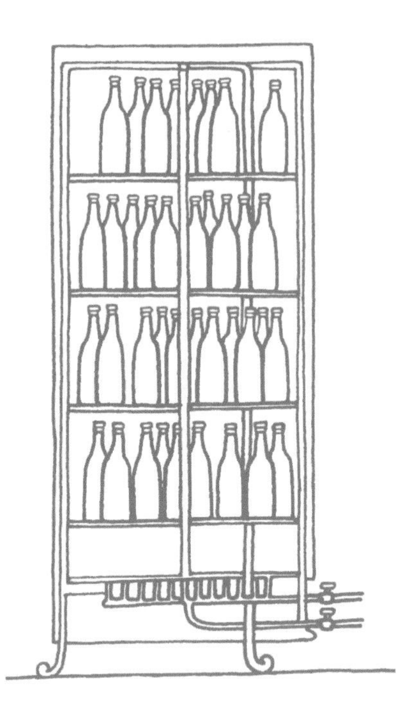

우선 큰 금속 통 안을 물을 채우고 가스버너로 데워 물의 온도를 70~80℃까지 높였습니다. 통 안에 든 포도주가 60℃ 정도에 이르기까지는 5~6시간이 걸렸습니다. 가열하는 동안에 포도주는 부피가 늘어나 조금씩 넘치면서 양이 줄어들기도 하였습니다. 그러나 포도주 통이 식으면 부피가 줄어들면서 헐겁게 막아 두었던 마개가 꽉 닫혔고, 이렇게 닫힌 포도주 통을 저장고에 보관하였습니다. 이렇게 살균한 포도주 통을 몇 달 동안 바깥에 내놓은 채 조사해 보니 포도주는 맛과 향기를 잃지 않았고 온전히 맑은 상태를 유지하였습니다.

커다란 금속 통에 담을 수 있는 포도주 통은 이렇게 살균할 수 있지만, 이보다 훨씬 큰 통의 포도주는 과연 어떻게 살균해야 할까요? 포도주 산지에 찾아가 보면 포도주 저장 용기는 작은 통에 나누어 보관하지 않고 그야말로 집채만큼 큰 용기에 담아 보관하고 있습니다. 나는 내친김에 대형 용기에 담긴 포도주를 살균하는 방법도 생각해 내었습니다. 과연 내가 고안해 낸 포도주 살균 방법은 어떤 것일까요?

먼저 커다란 통을 담을 수 있도록 더 큰 금속 통을 만드는 것은 무리라는 점을 알았습니다. 그렇다면 이전의 방법과는 전혀 다른 방법을 찾아내야 하는데, 커다란 포도주 통을 옮

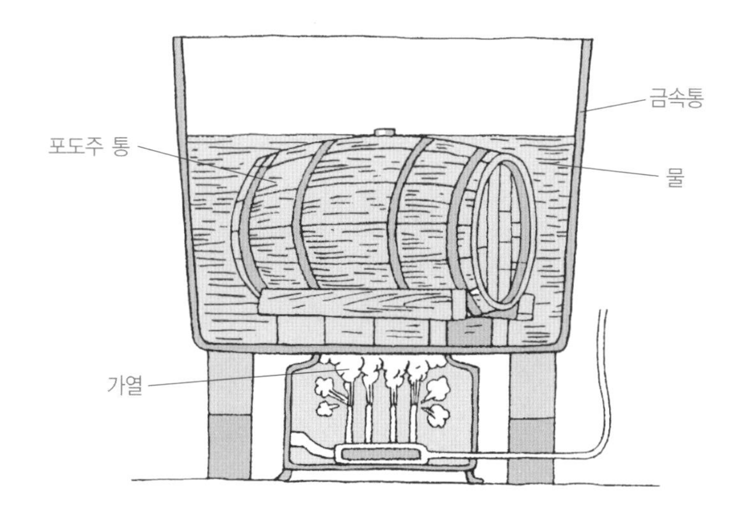

직이지 않고 열을 가해 온도를 높여 줄 수 있는 방법은 어떤 것이 있을까요?

내가 생각해 낸 방법은 커다란 포도주 통의 마개를 통해 포도주 통 안으로 직접 넣을 수 있는 금속 코일을 이용하는 것이었습니다.

이 장치는 코르크 마개로 헐겁게 닫혀 있는데, 코일을 통해 지나가는 뜨거운 증기로 통 안의 포도주를 원하는 온도까지 데울 수 있었습니다. 가열이 끝나면 코일을 빼고 마개로 막아 저장하면 그만이었습니다. 여러 번의 실험 결과 은도금한 구리 코일이 제일 좋았습니다. 물론 이러한 방법은 거대한 산업 시설에서도 이용이 가능했습니다. 이곳에서는 뜨거운 증기가 한 코일에서 다른 코일로 연속해서 지나갈 수 있도록 연결해서 이용하였답니다.

이렇게 해서 나는 포도주의 변질을 막아 줄 수 있는 저온 살균법이라는 아주 독특한 방법을 개발하였습니다. 그리고 더 나아가 이 방법을 효과적으로 사용할 수 있는 장치까지 고안해 냄으로써 많은 포도주 생산자들이 질 좋은 포도주를 생산할 수 있도록 도와주었습니다.

'파스퇴르 살균법'이라는 나의 '저온 살균법'은 후대에 정말로 커다란 혜택을 물려주었습니다. 그것은 과학과 인류를 생각하는 순수한 마음에서 시작된 것입니다.

다음 시간에는 저온 살균법이 산업에 어떻게 이용되고 있는지 살펴보겠습니다.

만화로 본문 읽기

이게 선생님이 만든 살균법으로 살균한 우유예요.
맛이 정말 좋아요.
제가 만든 기술이 후대에 이렇게 사용되니까 기분이 좋군요.

그런데 어떻게 이런 기술을 개발하셨나요?
그건 포도주 병 안에 있던 산소가 전부 소모되었다면 온도를 55℃까지 가열하더라도 포도주 향기가 변하지 않을 것이라는 생각에서 출발했어요.

그리고 이런 생각이 마침내 포도주의 부분 살균 과정을 이끌었고, 나중에는 파스퇴르 살균법이 전 세계에 알려졌답니다.
요즘은 우유도 이렇게 살균하고 있잖아요.

맞아요. 맥주를 비롯하여 사이다, 식초, 우유 등 부패하기 쉬운 음료수나 음식 등에 적용한답니다.
실제 살균 과정은 어떻게 되나요?
식초
우유
맥주

물통을 가스 불로 가열해 온도를 높이고 철사로 병마개를 단단히 붙들어 매면 포도주 부피가 줄어들어 진공이 생기면서 병마개가 꽉 조여들어 닫힙니다.

그리고 포도주의 양이 많을 때는 통을 중탕하는 방법을 사용했어요. 그보다 더 큰 통은 코일을 이용해서 살균했지요. 각각 효과적인 방법을 찾아내어 저온 살균에 성공했답니다.
선생님은 정말 인류에게 많은 혜택을 주셨어요.

일곱 번째 수업

7

저온 살균법의 이용

저온 살균법은 식품이 열을 받아 쉽게 변할 수 있는
예민한 종류에 이용합니다. 저온 살균법의 이용에 대해 알아봅시다.

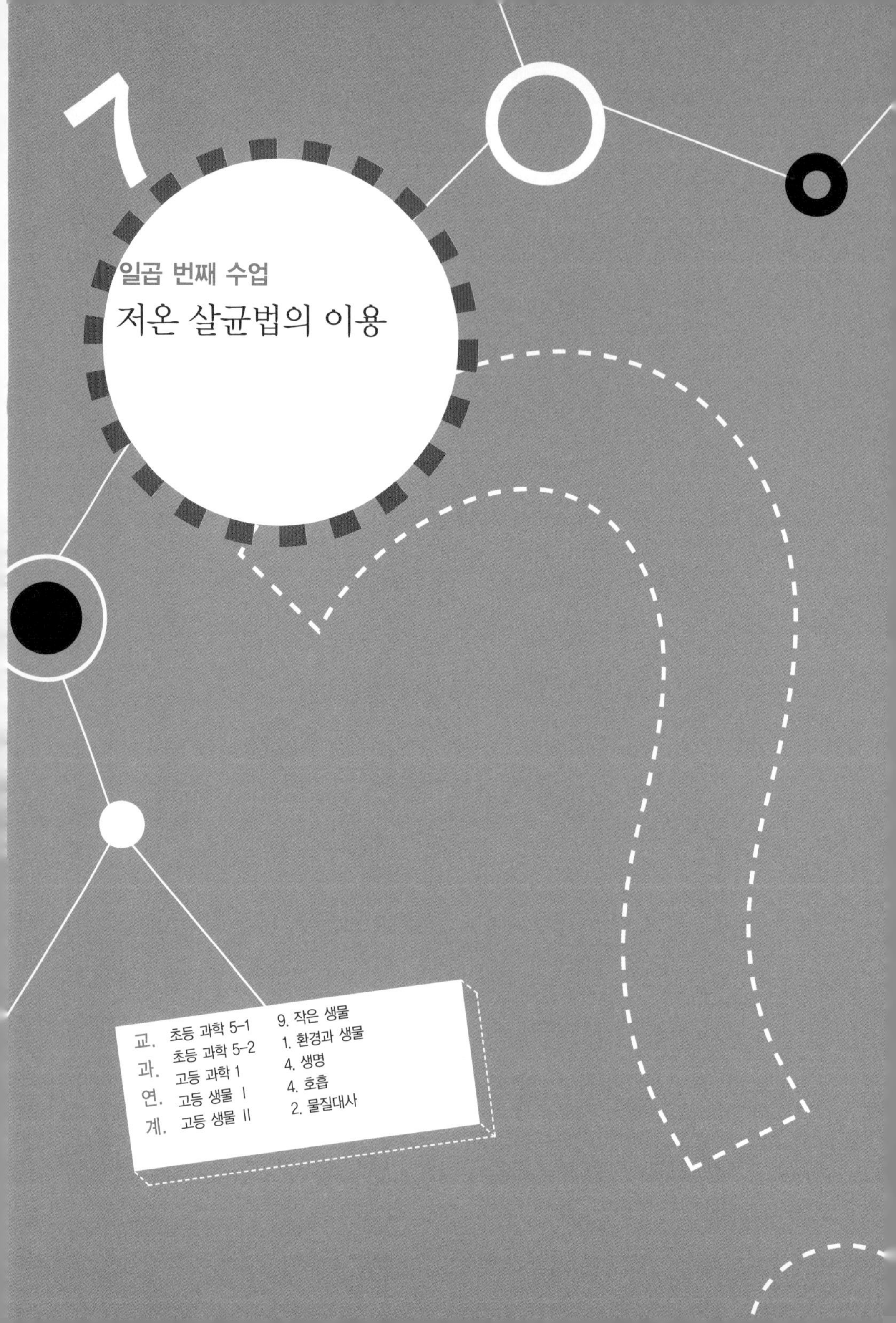

7

일곱 번째 수업

저온 살균법의 이용

교.	초등 과학 5-1	9. 작은 생물
과.	초등 과학 5-2	1. 환경과 생물
연.	고등 과학 1	4. 생명
계.	고등 생물 I	4. 호흡
	고등 생물 II	2. 물질대사

파스퇴르는 옛 생각을 떠올리는 듯
잠시 생각에 잠기다가
일곱 번째 수업을 시작했다.

옛 방법을 새롭게 보자

내가 포도주의 변질을 막는 방법으로 저온 살균법을 개발한 것은 1866년의 일입니다. 그렇지만 저온 살균법이 식료품을 보존하기 위해 생각해 낸 최초의 기술은 아니었습니다. 이미 오래전부터 사람들은 '어떻게 하면 식품을 오래 보관할 수 있을까?'라는 문제에 대해 깊이 생각하였고, 그에 따라 생활 속에서 쉽게 이용할 수 있는 몇 가지 방법을 찾아 이용하고 있었습니다.

예를 들면 식품을 햇볕에 말리거나 소금에 절이고 또는 식초에 담가 두면 오래도록 보관할 수 있다는 사실을 알아내어 실생활에 이용하였습니다.

물론 당시에는 식품을 부패시키는 것이 미생물의 작용이라는 사실을 완전히 알지는 못하였습니다. 그러나 사람들은 오랫동안 생활 속에서 느끼고 경험한 사실을 바탕으로 실용적인 방법을 찾아내어 널리 이용하였던 것입니다. 그리고 이러한 기술들은 시간이 지났다고 해서 없어지거나 사라지지 않고 지금까지도 유용하게 쓰이고 있습니다.

예를 들면 물기를 없애기 위해서 햇볕을 쬐어 말리는 방법은 열대나 아열대 여러 나라에서 고기나 물고기는 물론이고 여러 종류의 과일을 보존하기 위하여 아득한 옛날부터 이용되어 왔습니다. 다른 방법으로 육류를 저장하기 위해서 연기를 쐬는 훈제 처리도 부패를 막아 주거나 부패를 지연시키는 방법으로 이용되어 왔습니다.

말린 고기는 아시아와 유럽 대륙을 정복한 칭기즈 칸의 기병들이 식량으로 이용하였다는 기록도 있습니다. 걸어서 진격하는 보병보다 몇 배나 빨리 말을 타고 달리는 기병을 활용해 이길 수 있었던 칭기즈 칸도 병사들의 식량 보급 없이는 싸울 수가 없었습니다. 식량 보급이라는 어려운 문제를 손쉽게 해결해 낼 수 있었던 것은 가볍고도 열량을 많이 낼 수 있는 말린 고기를 이용하였기에 가능했던 일입니다. 이렇게 유용하게 쓰였던 말린 고기, 즉 육포는 지금도 전통 음식으로 생활 속에 남아 있습니다.

이외에도 특별한 양념을 식품에 첨가하는 것도 어느 정도 부패를 막아 주는 효과가 있기에 여러 가지 양념을 이용하기도 했습니다. 대표적으로 소금은 오래전부터 식품 부패를 막기 위해 가장 널리 이용되어 왔습니다.

소금 절임에 이용하는 높은 농도의 소금은 무엇보다도 부패를 일으키는 세균의 성장을 억제시키는 데 이용되었습니다. 이것은 바로 여러 종류의 피클에 이용하는 식초의 아세트산이나 독일식 양배추 김치인 자우어크라우트에서 젖산이 하는 것과 같은 원리를 이용한 방법입니다.

사람들은 식품을 변질시키는 원인이 미생물이라는 사실을 조금씩 알게 되면서 식품 속의 미생물을 제거하면 변질을 막을 수 있을 것이라 생각하게 되었습니다. 그래서 내가 저온 살균법을 개발하기 이전부터 식품을 가열하여 보존하는 방법을 널리 이용하고 있었습니다. 그러나 살균한 음식이라도 식으면 언제든지 상할 수 있다는 사실을 알았기에 살균한 상태로 유지시키는 방법을 찾게 되었습니다.

아페르(Nicolas Appert, 1750~1841)는 1810년에 식품을 살균한 후에 그대로 유지시키는 제어 가열 방법을 처음으로 제시하였습니다. 다시 말해서, 식품을 유리병에 담아 열을 가한 후에 뚜껑으로 막는 간단한 방법으로 지금의 통조림을 만들었습니다. 그래서 아페르는 통조림 제조 산업의 선구자가 되었습니다. 한참 자연 발생에 관한 논쟁이 이어지던 시대에 수프는 물론이고 고기나 채소 또는 과일을 아페르의 방법에 따라 50년 동안 통조림 형태를 대규모로 만들었다는 사실은 아무리 생각해 보아도 흥미롭기만 합니다.

생활 속에서는 널리 사용되고 있는 실용적인 방법일지라도 과학자들이 확실하다는 사실을 증명하기까지에는 오랜 시간이 걸리기도 합니다. 그러기에 사람들은 주부들이 이미 알고 있었던 사실을 내가 증명해야만 했었다고 우스갯소리로 말하기도 합니다.

음식물 변화를 줄이자

통조림 제조의 아버지라 불리는 아페르는 1810년에 열처리로 식품을 보존하는 방법에 관한 책을 처음 펴냈습니다. 아페르가 생각한 방법은 고온으로 식품을 가열하여 살균하는 방법이었습니다. 나는 그 후에 낮은 온도로 가열하여 부분적으로 살균하는 방법인 저온 살균법을 개발한 것입니다.

오늘날 저온 살균법이 아페르가 고안한 통조림을 위한 살균법보다도 훨씬 더 많이 이용되고 있습니다. 왜냐하면 식품 보존을 위해 살균하는 방법은 식품을 부패시키는 미생물을 제거하기 위한 것이므로, 고온의 열을 가하면 당연히 해로운 미생물은 제거되게 마련입니다. 그러나 미생물의 제거를 위해 높은 열을 가하면 고온 때문에 식품까지도 변할 수밖에 없습니다.

식품의 변화에 대한 예를 들어 보겠습니다. 식품 속에 들어 있는 단백질은 열을 받으면 쉽게 변성되는 것을 알 수 있습니다. 달걀에 열을 가하면 삶은 달걀이 되거나 달걀 프라이가 됩니다. 그런데 열을 제거했다고 해서 (또는 식었다고 해서) 삶은 달걀이나 달걀 프라이가 날달걀로 되돌아가지는 않습니다. 마찬가지로 생고기를 냉장고에 보관한다거나 냉동고에 얼려 보관하는 것은 고기의 성질이 변하지 않도록 하려는 목적입니다. 그런데 생고기를 고온으로 살균한다면 그 고기는 더 이상 생고기가 아니라 익은 고기가 되어 버립니다. 고기만이 아니라 채소도 마찬가지입니다. 김치를 보존하기 위해

고온으로 살균한다면 그 김치는 더 이상 김치가 아니라 김치찌개가 되어 버리는 것과 같지요.

이처럼 음식물에 높은 열을 가하면 당연히 미생물을 없앨 수는 있지만, 그 대가로 음식물이 변할 수 있다는 문제가 항상 뒤따릅니다. 이러한 변화는 음식 속에 들어 있는 물 때문입니다.

그렇다면 음식물에는 열처리를 해서는 안 되는 것일까요? 이러한 문제점을 해결해 준 것이 저온 살균법입니다.

정리하자면 식품을 오랫동안 보관하기 위해서는 부패 미생물을 없애야 합니다. 그러기 위해서 식품에 열처리하는 것은 오래전부터 이용한 방법입니다. 그런데 열처리를 하게 되면 식품 성질이 변할 수 있기 때문에 다른 방법을 생각해야 했습니다. 그 대안이 바로 저온에서 살균하는 방법입니다. 따라서 저온 살균법은 식품이 열을 받아 쉽게 변할 수 있는 예민한 종류에 이용하면 좋겠지요. 바로 냉장 보존 식품처럼요.

냉장 보존 식품으로 가장 먼저 떠오르는 것은 우유입니다. 우유는 실내 온도에서도 쉽게 변하므로 항상 냉장고에 넣어 보관합니다. 냉장고가 없던 때에는 먹을 만큼만 확보하는 것이 중요하고, 먹을 때에는 되도록 남기지 않고 모두 먹어 버리는 것이 중요합니다. 물론 채소도 신선하게 보존하려면 냉장고에 넣어 보관합니다. 냉장고에 보관하는 채소는 깨끗이 물에 씻거나 그대로 냉장고에 넣어 둡니다.

그러나 우유는 특별한 용기에 담아 다시 냉장고에 보관하는 것이 채소의 보관과 다른 차이점입니다. 그만큼 우유는 변하기 쉬워 용기에 담기 전에 미리 살균하는 특별 대우를 받습니다. 이러한 특별 대우가 바로 저온 살균법이지요.

저온 살균법의 이용

미생물의 입장에서 볼 때에 온도는 미생물이 살기 위해 매우 중요한 조건입니다. 많은 미생물은 사람이 살 수 있는 온도 범위에서 살기를 좋아합니다. 이러한 미생물을 일컬어 우리는 중온 미생물이라고 부르며, 이들이 잘 살 수 있는 온도는 20~45℃입니다. 이보다 높은 온도인 45~60℃ 정도에서 살기를 좋아하는 미생물은 고온 미생물이라 부르고, 0~20℃ 정도의 저온에서 살 수 있는 미생물은 저온 미생물이라고 합니다. 물론 이러한 온도 범위를 벗어난 특수한 조건에서도 살 수 있는 미생물이 있으며, 우리는 이들을 극한 미생물이라 부릅니다.

사람들이 살고 있는 생활 환경에서 살고 있는 대부분의 미생물은 거의 대부분이 중온 미생물(줄여서 중온균이라고도 함)입니다. 물론 사람들에게 도움을 주는 여러 종류의 발효 미생물도 중온 미생물이지만, 우리에게 해로움을 주는 병원 미생물이나 부패 미생물도 거의 대부분이 중온 미생물입니다.

그러기에 우유 안에 들어 있으면서 우유를 부패시킬 수 있는 부패 미생물이나 병원 미생물을 없애려면 물이 끓는 100℃에서 살균하지 않고, 이보다 낮은 온도인 60℃ 정도로 열을 가하여 해로운 미생물을 제거합니다.

그런데 왜 100℃가 아닌 60℃에서 미생물을 제거할까요?

여기에서 가장 중요하게 생각해야 할 점은 우유에 열을 가하더라도 우유에 들어 있는 영양분은 상하지 않아야 한다는 것입니다. 다행히 60℃ 정도의 온도에서는 우유에 들어 있는 성분이 크게 바뀌거나 변하지 않는다는 것을 알게 되었습니다. 물론 이 정도의 온도에서는 사람들에게 해를 끼치는 병원균도 없앨 수 있다는 사실까지 확인하였습니다.

그래서 우유에 60℃ 정도의 열을 가해 해로운 미생물을 제거하는 저온 살균법을 적용시킬 수 있었습니다. 이 저온 살균법을 우유에 맨 처음 시도한 사람은 독일의 화학자 속슬렛(Soxhlet, 1848~1926)이었습니다.

물론 60℃ 정도가 절대로 낮은 온도는 아닙니다. 대중 목욕탕의 뜨거운 물 온도가 42~43℃인 것만 보더라도 어느 정도 뜨거운 온도인지 가늠해 볼 수 있습니다. 다만 물이 끓는 온도인 100℃보다는 상대적으로 낮은 온도이기에 저온 살균법이라는 이름을 붙인 것입니다.

이처럼 저온 살균법을 우유에 적용시키면서 그야말로 내가 개발한 저온 살균법은 식품을 살균하는 중요한 방법으로 자리를 잡게 되었고, 이 방법이 지금까지도 아주 유용하게 이용되고 있는 것입니다. 하지만 우유에 적용된 저온 살균법은 지난 시간에 설명한 것과 같이 포도주의 보존 방법으로 태어난 것입니다.

잠깐 정리해 볼까요? 1860년에 이르러 프랑스 양조업계는 포도주가 못쓰게 되어 큰 어려움을 겪었습니다. 당시에 나는 포도주가 변질되는 이유를 찾다가 미생물이 원인이라는 사실을 알게 되었습니다. 못쓰게 된 포도주를 현미경으로 검사하던 나는 젖산 발효균이나 아세트산 발효균과 같은 여러 종류의 미생물이 그 안에 들어 있다는 사실을 발견하였습니다.

나는 이들이 포도주를 변질시켰다고 생각하고, 이러한 미생물을 제거하기 위한 방법을 생각해 냈습니다. 이 방법이 바로 저온 살균법으로 포도주를 55~60℃에서 조금 가열해

주었더니, 포도주를 변질시키는 미생물들이 제거되어 오랫동안 포도주를 보존할 수 있었습니다.

이러한 포도주의 보존 방법으로 태어난 저온 살균법이 널리 알려진 이후에 속슬렛이 이 기술을 응용하여 우유에서 유래하는 병원균을 살균하는 방법으로 이용한 것이 1886년이었습니다. 그리고 더 나아가 우유의 저온 살균법이 미국에 도입된 것은 1889년이었습니다.

이렇게 포도주에서 시작한 저온 살균법은 우유는 물론이고 맥주나 다른 음료에까지 널리 이용되면서 지금까지도 중요한 살균 방법으로 자리 잡았습니다. 저온 살균법으로 음료 속의 미생물을 멸균시킬 수는 없지만, 그래도 무서운 병원성 미생물을 제거하는 것은 물론 식품을 부패시키는 비병원성 미생물의 수를 줄여서 식품이 부패되는 속도를 늦출 수 있습니다.

요즈음 우유를 살균하는 방법은 저온을 이용하느냐 고온을 이용하느냐에 따라 크게 2가지로 나눕니다. 우유를 비롯하여 맥주나 과일 주스는 비교적 저온을 유지하는 저온 처리 방법을 이용합니다. 이 방법에서는 용액을 62℃ 정도에서 30분간 유지시킵니다. 또한 살균하고자 하는 음료의 양이 많고 적음에 따라 살균 방법을 달리 적용하기도 합니다. 많은 양의 우유는 보통 순간 살균법 또는 고온 단시간 살균법을 주로 씁니다.

많은 양의 우유를 짧지 않은 시간 열처리하는 것은 커다란 저장 용기를 가동해야 하기 때문에 큰 규모의 시설을 갖추어야 하는 어려움이 있습니다. 그래서 많은 양을 살균하려면 짧은 시간 동안 처리하는 방법을 자주 이용합니다. 처리 시간이 짧을수록 맛의 변화가 적고 저장 효과가 높기 때문이기도 합니다. 일정한 온도가 유지되는 용기 안에 설치된 관을 따라 우유가 흘러가도록 해 주면 그동안에 살균이 자연스레 이루어집니다.

예를 들면 통 안에는 72℃의 온도를 유지하면서 우유를 15초 동안 흐르게 한다면 그동안에 살균되고, 뒤이어 통을 빠져나온 우유를 재빨리 냉각시켜 보관하는 방법입니다.

유가공업체에서는 이러한 방법만이 아니라 초고온 살균법을 쓰기도 합니다. 초고온 살균법은 우유나 그 밖의 유제품을 140~150℃에서 1~3초 동안 가열하는 방법입니다. 초고온 살균법으로 가공된 우유는 냉장 보관하지 않아도 맛의 변화 없이 2개월 정도 실온에서 보관할 수 있습니다. 식당에서 주는 작은 용기에 담긴 커피 크림액은 대개 초고온 살균법으로 처리한 것이라고 보아도 좋습니다.

우유를 처음 저온 살균법으로 처리할 때에는 많은 사람들의 거센 저항이 있었습니다. 우유를 열처리하면 우유의 고유

한 향과 색깔이 변한다고 보았기 때문이었습니다. 그러다가 점점 우유의 저온 살균이 효과적이고도 알맞은 방법이라는 것을 알게 되었고, 더욱이 젖먹이와 어린이들에게 공중 위생이 얼마나 중요한 일인지 알게 되면서 사람들의 생각이 조금씩 바뀌었습니다. 그래서 요즈음에는 대부분의 우유는 저온 살균을 하거나 아니면 초고온 살균법에 따라 처리하도록 법으로 규정하고 있습니다.

우유의 살균에 관한 법이 제정된 것은 따지고 보면 그리 오래전의 일이 아닙니다. 우유의 저온 살균법이 효과적이라는 것을 알았다고 하더라도 살균 처리할 수 있는 시설이 부족한 곳에서는 여전히 생우유를 그대로 이용하게 마련이었습니다. 또한 생크림으로 케이크를 만들거나 전통적인 방법으로 치즈를 생산하는 곳에서는 생우유를 이용하는 경향이 많았습니다. 게다가 우유가 아닌 양젖이나 염소젖은 따로 처리할 만한 여유가 없었기에 그대로 이용할 수밖에 없는 것도 또 하나의 이유였습니다.

그러다가 1970년대와 1980년대 초반에 이르러 세계 곳곳에서 우유에서 비롯된 살모넬라균에 의한 식중독이 심각한 문제로 대두되었습니다. 우유 생산이 단순한 자급자족 정도가 아닌 기업 형태의 대규모 생산 체계를 이루고 있었기에 우유의 살균 처리가 대단히 중요한 문제로 떠오른 것이었지요.

큰 목장에서는 일하는 목부들과 이들 가족에게 생우유를 거저 주거나 임금의 일부로 지급하기도 했습니다. 비록 이들이 제한된 공동체라고는 하지만, 살균된 우유를 제공하면서 그 전과 그 후 3년간의 살모넬라 식중독 결과를 비교하였더니, 전에는 7건이나 발생하던 것이 후에는 한 건도 발생하지 않았습니다.

다시 말해서 우유의 살균 효과는 무시할 수 없을 정도로 큰 것이었습니다. 그래서 우유의 살균은 공중 보건과 국민 건강을 위해 1980년에 접어들면서 세계 각 나라에서 법으로 제정되었습니다.

한 가지 과학적인 사실이 일반인들에게 정착되기까지는 많은 시행착오를 거치면서 오랜 시간이 걸립니다. 내가 미생물학을 개척하면서 과학적인 사실을 이끌어 낼 수 있었던 것은 음식물의 부패가 여러 종류의 미생물에 의해 비롯된다는 생각 때문이었습니다. 그리고 이러한 생각은 옛날의 경험적인 기술에 덧붙여 새로운 의미를 추가시키면서 전혀 새로운 방법으로 발전하였습니다.

내가 이렇게 음식물 보존에 과학적으로 접근하여 저온 살

균법이라는 새로운 방법을 개발한 지 겨우 한 세기가 지났을 뿐입니다. 그런데도 이 방법은 지금 누구나 다 이용하고 있을 정도로 짧은 시간에 큰 효과를 거두었습니다. 그리고 누구나 저온 살균법을 잘 이해하고 있음은 물론이고, 많은 사람들이 이 기술의 혜택을 누리고 있습니다.

만화로 본문 읽기

선생님, 저온 살균법이 아니더라도 음식물에 높은 열을 가해서 미생물을 없앨 수 있지 않나요?
하지만 그 대가로 음식물이 변할 수 있다는 문제가 항상 뒤따르지요.

그래서 저온 살균법은 식품이 열을 받아 쉽게 변할 수 있는 예민한 종류에 이용한답니다. 바로 냉장 보존 식품처럼 말이지요.
우유 같은 식품 말씀이시죠?
Milk

그런데 우유를 부패시킬 수 있는 부패 미생물을 물이 끓는 100℃에서 살균하지 않아도 제거할 수 있나요?
미생물은 살기 좋아하는 온도에 따라 저온 미생물(0~20℃), 중온 미생물(20~40℃), 고온 미생물(45~60℃)이 있어요.
Milk

그런데 대부분의 미생물은 사람처럼 20~45℃에서 살기를 좋아하지요.
그렇군요.
우리도 사람하고 비슷한 온도에서 살지.

60℃ 정도의 온도에서는 우유에 들어 있는 성분이 크게 바뀌거나 변하지 않으면서도 병원균도 없앨 수 있지요.
그래서 저온 살균법을 적용시킬 수 있었군요.
Milk
으악, 뜨거워서 못 살겠어!!
60℃

하지만 60℃ 정도가 절대로 낮은 온도는 아니에요. 다만 물이 끓는 온도인 100℃보다 상대적으로 낮아서 저온 살균법이라는 이름을 붙인 것이지요.
선생님 덕분에 이제는 전 세계 사람들이 저온 살균법의 혜택을 누리고 있네요.

마 지 막 수 업 8

파스퇴르와 미생물학의 발전

파스퇴르는 미생물에 대한 지식을 바탕으로
미생물학을 개척하는 데 크게 기여하였습니다.
그가 미생물학의 발전에 미친 영향에 대해 알아봅시다.

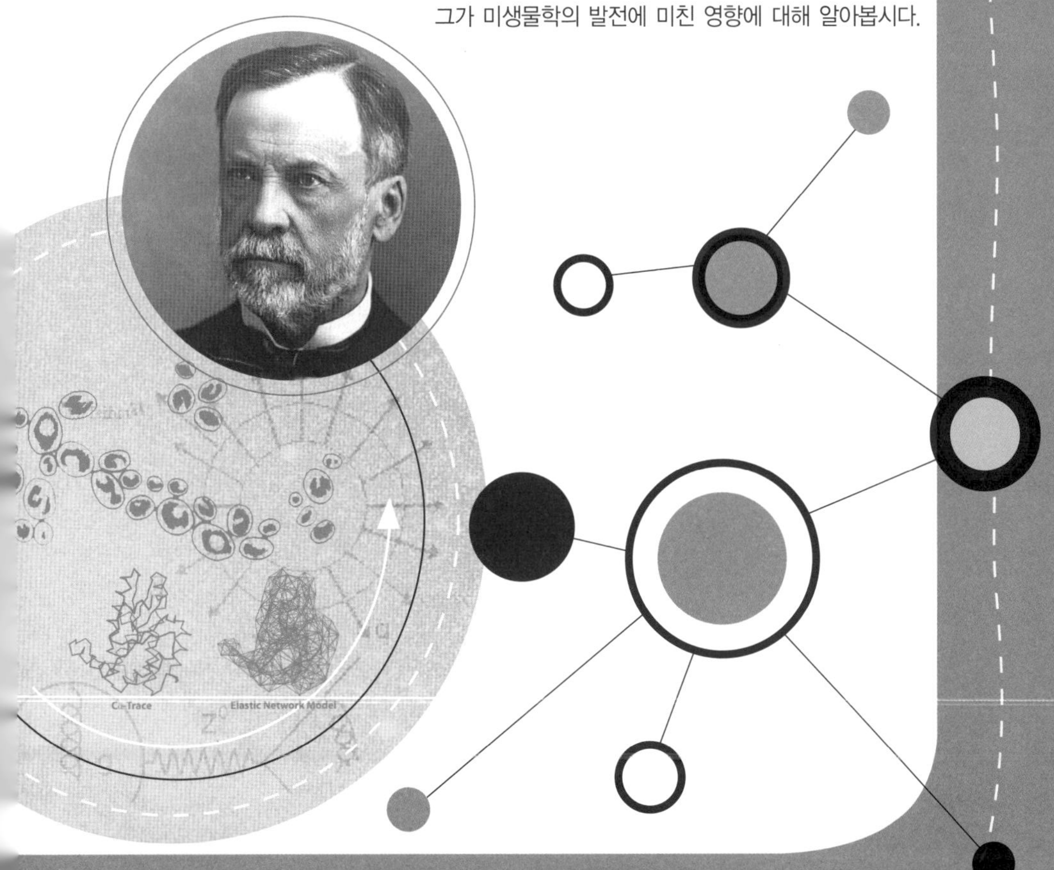

8

마지막 수업

파스퇴르와 미생물학의 발전

교과연계		
교.	초등 과학 5-1	9. 작은 생물
과.	초등 과학 5-2	1. 환경과 생물
연.	고등 과학 1	4. 생명
계.	고등 생물 I	4. 호흡
	고등 생물 II	2. 물질대사

파스퇴르가 미생물학에 대해 설명하며 마지막 수업을 시작했다.

미생물은 말 그대로 눈으로 볼 수 없는 아주 작은 생물을 일컫습니다. 굳이 학술적으로 따져 눈으로 볼 수 있는 크기가 어느 만큼인가를 생각해 보면 그야말로 가물가물한 크기인 0.1mm! 우리가 눈으로 구별할 수 있는 한계점이 그 정도라고 합니다. 따라서 이 크기보다 작은 생물이라면 모두 미생물이라 불러도 틀리지 않습니다.

그러기에 미생물을 다루는 학문인 미생물학은 미생물을 볼 수 있는 현미경이 만들어지면서 시작되었다고 할 수 있습니다. 그렇지만 더 나아가 생각해 보면 미생물학은 미생물의

특징을 이해하면서부터 본격적으로 발전하였다고 할 수 있습니다.

미생물의 특징을 이해하게 된 것은 우리에게 해를 주는 질병의 원인을 알게 되면서부터라고 말할 수 있습니다. 오래전부터 사람들에게 고통을 안겨 주었던 질병은 그저 자연적으로 일어나거나 아니면 신들의 노여움을 받아 일어나는 것이라고 사람들은 믿어 왔습니다.

그러다가 점점 과학이 발전하면서 사람들은 질병의 원인에 대해서도 새로운 생각을 하게 되었습니다. 질병은 바로 아주 작은 미생물이 일으킨다는 사실을 알게 된 것입니다. 병원 미생물의 증명을 통해 질병의 병원체설이 비로소 사람들에게 알려졌고, 이와 함께 미생물학이 새롭게 시작되었다고 할 수 있습니다.

파스퇴르와 코흐

미생물학이 처음 발전하기 시작하던 때에 아주 큰 구실을 한 사람이 바로 나와 독일의 코흐였습니다. 우리 두 사람은 이웃 나라에 살면서 미생물이라는 같은 분야를 연구하였기에 서로를 이해하면서 선의의 경쟁을 벌여 나갔습니다.

그러나 모두가 잘 아는 바와 같이 당시에 프랑스와 독일은 유럽에서 서로 힘겨루기를 하였고 결국 프랑스와 독일(당시에는 프로이센) 사이에서 프로이센·프랑스 전쟁이 일어났습니다. 비록 과학에는 국경이 없지만, 과학자에게는 조국이 있다고 생각한 나는 전쟁에 참전하였습니다. 하지만 전쟁은 프로이센의 승리로 끝났고, 나는 전쟁 후에 조국을 위해서 더 열심히 연구에 몰두하였습니다.

나와 코흐의 실험 방법은 매우 달랐습니다. 코흐는 연구를 하는 것도 수학 문제를 푸는 것처럼 논리적이며 냉정하였습니다. 한 마디로 말해서 그의 실험은 매우 체계적이었습니다. 다른 사람들이 의심할 만한 점은 모조리 점검하고 실험에 임하였습니다. 이렇게 자신의 실패도 곱씹으며 실험을 하였기에 일반적인 상태에서 배양하기 쉽지 않은 결핵균을 발견할 수 있었습니다.

그뿐만 아니라 병원 미생물의 발견을 위해서도 체계적인 순서를 밟아 찾아야 한다고 역설하였습니다. 그리하여 코흐는 병원성 세균을 발견하기 위한 4가지 원칙이라는 세균 조사 원칙을 세웠습니다. 이것은 다른 말로 '코흐의 가설'이라

고도 부르는데, 특정한 질병은 특정한 균에 의해서 일어난다는 '특정 병인론'을 설명할 수 있는 기반을 마련해 주었습니다. 참고로 코흐가 제안한 4가지 원칙인 '코흐의 가설'은 다음과 같습니다.

1) 특정한 질병에는 원인이 되는 미생물이 있다.
2) 그 미생물을 순수 배양으로 얻을 수 있어야 한다.
3) 배양한 미생물을 실험동물에 주사하여 똑같은 증상의 병이 일어나야 한다.
4) 그 병에 걸린 실험동물에서 다시 그 미생물을 분리할 수 있어야 한다.

이 원칙의 두 번째 가설로 보아 당시에 코흐는 병원 미생물을 순수 배양할 수 있는 모든 체제를 갖추었다고 볼 수 있습니다. 아마도 미생물을 배양할 수 있는 체계적인 실험 과정을 미리 준비하고 있었기에 이러한 설명이 가능하였을 것입니다.

코흐와 달리 나는 앞에서 설명한 것처럼 언제나 머릿속에는 이론과 추측이 끊임없이 샘솟는 열정적인 탐색가였습니다. 나에게는 그야말로 순간순간 불빛처럼 뛰어난 생각이 스

쳐갔고, 그러한 생각을 놓치지 않고 가설을 세운 다음에 실험에 옮겨 증명했습니다.

물론 나에게는 무엇이든지 생각할 수 있는 기본 자세가 미리 준비되어 있었기에 그러한 연구가 가능하였다고 보아야 합니다.

이론적인 배경 없이는 어느 것 하나 순간적인 생각을 구체화할 수 있는 방법을 찾기가 쉽지 않기 때문입니다. 그리고 나는 과학의 실용성이라는 문제를 항상 가슴속에 품고 있었기에 모든 실험과 증명이 가능하였다고 생각합니다.

내가 미생물의 살균과 증식에 대한 실험을 통해 자연 발생에 대한 논쟁을 가라앉힌 것은 유명한 일입니다. '자연 발생설 부정'이라는 뚜렷한 업적만이 아니라 나는 미생물에 대한 중요한 지식을 바탕으로 세균학이라는 새로운 분야의 학문을 개척하는 데에도 크게 기여하였습니다.

미생물을 재료로 하는 실험 과정에서 어떻게 하면 실험 용기 안으로 미생물이 들어오지 않도록 막을 수 있으며, 이와 아울러 실험 용기 안에 미리 자리한 미생물을 파괴시키려면 어떻게 해야 할 것인가에 대해서도 효과적인 방법을 생각해 내었습니다. 실험 과정에서 필요한 일이었기에 무균 조작과

함께 살균이라는 기본적인 기술을 개발해 실험에 이용하였던 것입니다.

미생물에 관한 여러 가지 실험을 하는 동안에 우리가 살고 있는 생활 주변에서는 물론이고 숨 쉬는 공기 속이나 마시는 물속에서도 많은 미생물이 함께 살고 있다는 사실이 밝혀졌습니다. 그렇지만 정상적인 동물이나 건강한 사람의 혈액이나 오줌 속에는 미생물이 없다는 사실 또한 알게 되었습니다.

이와 함께 무균적인 방법을 적절히 이용해 이러한 재료를 채취하면 부패라는 변화 과정을 거치지 않고 오랫동안 보존할 수 있다는 것도 알게 되었습니다.

미생물의 증식은 물론 살균에 관한 여러 가지 사실을 찾아낸 것이 그리 중요한 일이 아니라고 생각할지도 모릅니다. 그렇지만 그것은 미생물학 더 나아가 세균학이라는 분야에서 반드시 필요한 구체적인 기초를 마련해 주었기 때문에 큰 의의가 있습니다.

그리고 이러한 간단한 사실을 통해 많은 사람들에게 미생물이 어떤 것인지 알게 하여 여러 가지 미생물에 대한 문제점과 해결점을 깨닫게 해 주었습니다. 더욱이 미생물의 증식과 억제는 물론 병원 미생물의 예방에 관한 새로운 방법과 기술을 개발하여 일반 사람들이 손쉽게 이용하도록 알려 주었습니다. 이러한 점에서 나는 학자는 물론 일반인과도 호흡을 함께한 진정한 과학자라고 할 수 있습니다.

예방 주사를 개발하다

나는 저온 살균법을 개발한 것만이 아니라 병원균에 대항해 이길 수 있는 방법을 찾아내었고, 이를 사람들에게 널리 알려 누구나 쉽게 이용하도록 노력하였습니다. 농업과 축산업에 종사하는 사람들의 고통을 덜어 주고자 전혀 경험이 없던 누에병을 해결하였습니다. 그리고 뒤이어 닭콜레라와 가축의 탄저병을 예방할 수 있는 방법을 개발하여 농민들의 어려움을 해결해 주었습니다.

나는 동물 질병의 원인을 찾아내고 그 해결책으로 백신을 만들어 내면서, 더 나아가 우리 몸이 병원균에 대항해서 이길 수 있는 방법을 찾고자 노력하였습니다. 이렇게 해서 개발한 광견병 예방 주사는 나 이전에 제너(Edward Jenner ,1749~1823)가 천연두를 예방하기 위해 찾아낸 우두 접종과 비교할 수 있을 만큼 아주 큰 가치가 있습니다. 광견병 예방

주사의 원리는 누구도 생각하지 못했던 새로운 연구의 한 면을 보여 줍니다.

내가 활약하던 시기에는 사람들이 겨우 전염병의 원인이 되는 미생물이 있다는 사실을 이해하기 시작하던 때였습니다. 그러기에 과학자들조차도 병을 일으키는 미생물은 거의 모두가 세균일 것이라고 생각하였고, 이제까지 사람들이 앓았거나 또는 새롭게 나타나는 병의 원인도 세균에서 찾아보려고 성능이 좋은 현미경을 구해서 경쟁적으로 조사하던 시기였습니다.

물론 현미경으로 볼 수 없는 아주 작은 크기의 바이러스는 도저히 상상조차 할 수 없던 시기였지요. 왜냐하면 전자 현미경이 개발되어 바이러스를 볼 수 있게 된 것은 1930년대에 접어들어서야 가능했기 때문입니다.

나는 당시 사람들에게 아주 중요한 병의 하나였던 광견병에 대해 요모조모로 조사하고 연구하였습니다. 그러나 광견병의 원인은 바이러스라는 사실이 나중에 밝혀졌습니다. 그러기에 내가 아무리 유명한 미생물학자라고 하여도 광견병의 병원체는 찾아낼 수가 없었습니다.

그래도 나는 좌절하지 않고 실험을 계속하였습니다. 광견병의 원인이 세균 아닌 어딘가에 분명히 있을 것이라는 생각을 하였습니다.

그리고 광견병의 증상이 신경을 이상하게 만드는 것으로 보아 광견병은 중추 신경계와 관련이 있을 것이라 생각하였고, 그래서 광견병을 앓은 토끼의 척수를 뽑아 실험에 이용하였습니다.

결과적으로 내 예상이 바로 맞아떨어졌습니다. 우선 병든 토끼의 척수를 뽑아 오랫동안 묵히면 병원성이 약해질 것이라고 생각하였습니다. 그런 다음에 이것을 건강한 동물에 아주 조금만 주사해 주면 가볍게 병을 앓고 나을 수 있으리라 생각하였습니다.

나는 이렇게 가볍게 앓고 난 동물에 아주 강력한 병원균이 들어가더라도 큰 병을 앓지 않을 것이라고 예상하였답니다. 나의 생각은 몇 번의 실험을 거쳐 증명할 수 있었습니다.

그렇지만 그것은 어디까지나 동물에 실험한 것이었고, 사람에게는 실험할 수 없어서 결과를 확인할 수가 없었습니다.

과학자로서 실험을 마무리하지 못한 점을 아쉬워하던 차에 메이스터라는 어린이가 병든 개에게 물려 죽음을 맞을 위험한 상황에 놓이게 되었습니다. 어차피 죽을 목숨이기에 주사라도 놓아 달라는 의사와 부모의 요청에 따라 주사하였는데, 정말로 기적같이 어린이가 살아난 것이었습니다. 이렇게 하

여 나는 무서운 광견병을 막을 수 있는 방법을 찾아낸 것이었지요.

광견병을 일으키는 원인균이 중추 신경계에 침입하기 전에 약화시킨 광견병 척수를 주사하여 몸 안에서 미리 병원균을 막을 수 있는 항체를 만들게 하는 것이 그 원리입니다. 이전에 영국의 제너가 천연두를 막기 위해서 소의 두창, 즉 우두를 접종함으로써 무서운 천연두를 막은 것은 서로 다른 종류의 병원균을 이용한 방법입니다.

그러나 나의 방법은 같은 종류인 광견병 원인균을 약화시켜 주사한 것이므로 방법에서 근본적인 차이가 있습니다. 어쨌거나 나는 사람들을 꼼짝 못하게 만들었던 광견병을 이길 수 있는 방법을 찾아내어 또 하나의 중요한 과제를 해결하였습니다.

과학자가 나아가는 길

나는 전염병 예방 백신을 만들어 내는 큰 업적을 이룩하였지만, 그 이전에 모든 사람들이 아주 유용하게 쓸 수 있는 새로운 기술을 개발하였습니다. 그것은 바로 지난 시간에 설명한 저온 살균법입니다.

아무리 생각해도 너무나 간단한 생각에서 시작한 이 방법은 누구라도 쉽게 이용할 수 있고 꼭 필요하며 편리한 기술이기 때문에, 돈을 벌기 위한 생각을 가졌다면 아주 많은 돈을 벌 수도 있었습니다.

과학 기술이 크게 발전한 요즈음에도 산업적으로 이용할 수 있는 특별한 기술을 개발하면 대부분 특허로 등록하여 큰 이익을 남기는 경우가 많습니다. 나 역시 당시에 저온 살균법이란 특수한 기술을 특허로 등록하였다면 얼마든지 많은 돈을 벌 수 있는 기회가 열려 있었습니다.

나는 분명히 부자가 아니었습니다. 그러기에 결혼하고 아이를 낳아 가족과 함께 지내면서도 가족에 대한 책임이 자주 나의 마음을 내리눌렀습니다. 그래서 나는 가열 방법을 이용하여 식초, 포도주 및 맥주를 보존하기 위한 저온 살균법이라는 특별한 기술을 개발하고 난 후에, 그 기술에 대한 권리를 보호받기 위하여 특허를 획득하였습니다.

그러나 나는 특허를 이용해 경제적 이익을 얻을 수 있는 가능성에 대하여 가족과 함께 이야기하고 결국 나의 특허를 모두가 이용할 수 있도록 양보하기로 결심하였습니다. 그리고 더 나아가 저온 살균법을 이용하여 대규모의 산업 장치를 개발하거나 이러한 장치를 판매하여 얻을 수 있는 어떠한 경제

적 이익도 포기하였습니다.

우수한 품질의 포도주를 생산하고 좋은 포도주를 여러 나라에 수출하여 경제적인 이익을 얻는 나라로는 프랑스가 으뜸이었습니다. 그러나 요즈음에는 프랑스만이 아니라 이탈리아, 스페인, 독일, 미국을 비롯하여 오스트레일리아와 뉴질랜드 그리고 남아메리카의 칠레도 마찬가지입니다.

이렇게 세계 여러 나라에서 질 좋은 포도주를 경제적인 가격으로 생산할 수 있게 된 것도 저온 살균법의 개발 덕분이라고 생각합니다. 유럽에서 멀리 떨어진 신대륙에서조차 안심하고 편리하게 이용하는 저온 살균법이야말로 전 세계인이 애용하는 기술이 되었습니다.

나는 미생물학이라는 학문 연구를 통해 새로운 기술의 발전을 꾀했습니다. 그러한 나의 과학과 기술은 지금까지도 우리 생활에 깊숙이 영향을 미치고 있습니다. 그리고 이러한 여러 가지 업적을 기리기 위해 1888년 파리에 '파스퇴르 연구소'가 설립되었답니다. 이 연구소는 당연히 나 한 사람만을 위한 연구소가 아니라 나의 동료들이 함께 연구하였던 곳이며, 지금도 '파스퇴르 연구소'는 미생물학을 중심으로 생물학과 의학 그리고 생명 과학 전 분야에 걸쳐 폭넓은 연구를 계속하고 있습니다. 그리하여 많은 노벨상 수상자를 배출하고 있습니다.

한국에서도 2004년 파스퇴르 연구소가 문을 열어 생명 과학 분야 연구의 맥을 이을 수 있게 되었답니다. 학문에는 국경이 없습니다. 여러분도 헌신적으로 연구에 매진하여 좋은 연구 결과와 함께 많은 업적을 이루어 나가기를 간절히 바랍니다.

만화로 본문 읽기

저온 살균법 외에 선생님이 개발하신 게 또 무엇이 있었나요?
나는 병원균에 대항해 이길 수 있는 방법을 찾아냈고, 누구나 쉽게 이용하도록 노력했지요.

조금 더 자세히 이야기해 주세요.
먼저 농업과 축산업에 종사하는 사람들을 위해 누에병을 해결했어요. 또한 뒤이어 닭콜레라와 가축의 탄저병을 예방할 수 있는 방법을 개발했지요.
누에병 해방!
닭콜레라 해방!
탄저병 해방~!!
만세!!

대단하세요. 농민들의 어려움을 해결해 주셨네요.
그리고 광견병 예방 주사를 개발하여 사람들을 놀라게 했지요.
바로 이 거야.

광견병 예방 주사는 어떻게 개발하게 되었나요?
내가 살던 시기에는 과학자들조차 병을 일으키는 미생물은 모두 세균이라고 생각했고, 현미경으로도 볼 수 없는 바이러스는 도저히 상상조차 할 수 없었지요.
세균 밖에 보이는 게 없네...

그러나 나는 광견병의 원인이 세균이 아닌 중추 신경계와 관련이 있을 것이라 생각하였고, 결과적으로 나의 예상이 맞아떨어졌답니다.
"광견병이 신경 이상을 유발하니까 분명 중추 신경계와 관련 있을 거야!"
크르르릉

그래서 광견병을 앓고 있는 토끼의 척수를 뽑아 실험하여 성공한 것이지요.
정말 훌륭한 업적을 이룩하셨네요.
내 생각이 맞았어!!

과학자 소개

미생물학의 아버지 파스퇴르Louis Pasteur, 1822~1895

프랑스의 화학자이자 미생물학자인 파스퇴르는 파리의 에콜 노르말에서 물리와 화학을 공부하였습니다. 최초의 연구는 1848년 타르타르산에 관한 것으로 타르타르산염과 파라타르트타르산염의 구조상의 차이를 광회전성의 차이로부터 밝혀냈습니다. 디종 중학교 물리 교사를 거쳐, 1849년 스트라스부르 대학 화학 교수가 되었으며 화학 조성, 결정 구조, 광학 활성의 관계를 연구하여 입체 화학의 기초를 구축하였습니다.

파스퇴르는 생물이 입체 이성질체의 한쪽만을 이용하여 합성한다는 것을 발견하고 우주의 '비대칭성'을 논함과 동시에, 생명의 화학적 연구에 흥미를 가지게 되었습니다. 발효와 부패에 관한 연구를 시작한 후 젖산 발효는 젖산균의 작용, 알코올 발효는 효모균의 작용으로 일어난다는 것을 발견하였습니다.

이어 1862년 알코올에서 아세트산으로 변하는 것과 아세트산 발효에 대해 연구하여 식초의 새로운 공업적 제법을 확립하였습니다. 또 포도주가 산화되어 부패하는 것을 방지하기 위한 저온 살균법을 고안하여, 프랑스의 포도주 제조에 크게 공헌하였습니다.

한편 부패가 공기 중의 미생물 때문에 일어난다는 것을 실험적으로 확인하고, 자연 발생설을 부인하였습니다. 또한 연구를 계속하여 탄저병 · 패혈증 · 산욕열 등의 병원체를 밝혀냈으며, 백신 접종에 의한 전염병 예방법의 일반화에 성공하였습니다. 이러한 업적 때문에 파스퇴르는 '미생물학의 아버지'라고 불립니다.

과학 연대표

언제, 무슨 일이?

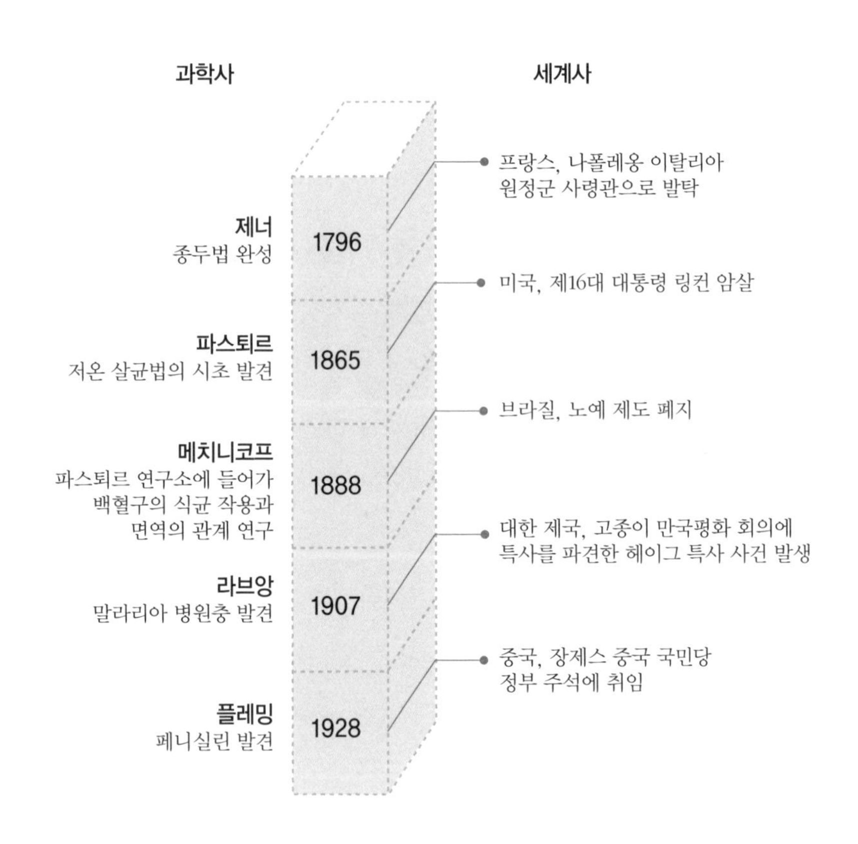

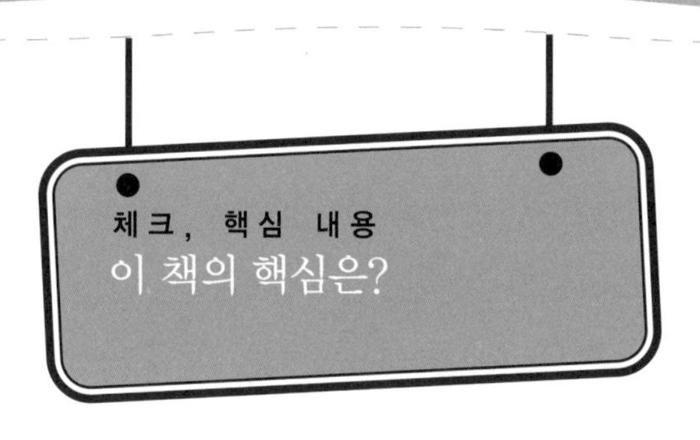

1. 과거 사람들은 살아 있는 생명체가 무생물에서 자연스럽게 생겨날 수 있다는 □□ □□□ 을 믿었습니다.
2. □□ 는 포도주와 맥주, 막걸리는 물론이고 빵을 만들 때에도 이용하는 미생물입니다.
3. 사람이나 다른 동식물은 산소가 없다면 전혀 살 수 없습니다. 그러나 효모를 비롯한 몇몇 미생물은 산소가 없을 때에도 살 수 있는 방법을 갖추고 있는데, 이것이 □□ 입니다.
4. 육류를 저장하기 위해서 연기를 쐬는 □□ 처리는 부패를 막아 주거나 지연시킬 수 있는 방법입니다.
5. 아페르는 1810년 식품을 살균한 후에 그대로 유지시키는 □□ □□ 방법을 처음으로 제안하였습니다. 이것은 고온으로 식품을 가열하여 살균하는 방법으로 현재에도 통조림 등에서 이용되고 있습니다.

1. 자연 발생설 2. 효모 3. 발효 4. 훈제, 5. 제어 가열

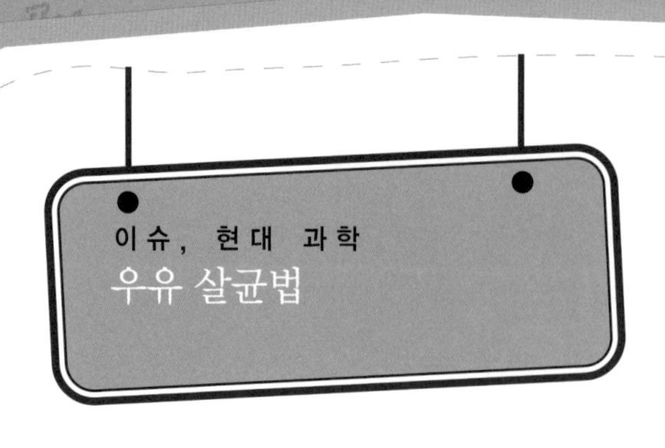

우유 살균의 목적은 미생물을 완전히 죽여서 우유를 안전한 상태로 유지하는 것입니다. 따라서 살균에 의하여 우유의 안전성이 확보되는 동시에 오랫동안 보존할 수 있는 것입니다.

우유의 살균 방법은 파스퇴르가 처음 고안하였으며, 오늘날 여러 가지 방법이 실용화되고 있습니다. 현재 널리 이용되고 있는 우유의 주요 살균 방법으로는 다음과 같은 것이 있습니다.

첫째, 우유를 63~65℃에서 30분간 가열하여 살균하는 방법인 저온 살균법이 있습니다. 저온 살균법은 파스퇴르가 포도주의 풍미를 손상시키지 않고 유해균만을 줄이기 위해 개발하였으며, 우유 살균 방법 중 가장 오래된 방법입니다. 이 방법을 사용하면 유산균이 살아 있고, 단백질이 변성되지 않으며 비타민류의 파괴를 최소화할 수 있습니다. 하지만 젖소를 청결하게 관리해야 하고 취급도 까다로워 제조 비용이 많이 듭니다.

둘째, 우유를 71.1℃로 급속히 가열하여 15초간 유지한 후 급냉각하는 고온 단시간 살균법이 있습니다. 이 방법은 원유질의 변화를 최소화하며 좋은 품질의 살균 우유를 생산할 수 있고, 다량의 우유를 연속적으로 처리할 수 있습니다. 고온 살균법으로 만든 우유는 유산균과 단백질이 일부 파괴되지만, 유통 기간이 길고 제조 비용이 적게 드는 장점이 있습니다.

셋째, 일반적으로 130~150℃에서 1~3초간 가열하여 살균하는 초고온 단시간 살균법이 있습니다. 이 살균법은 원유의 품질이 나쁘거나 냉장고 보급이 안 된 시절에 보존 식품 및 조리용, 가공용, 개발 도상국의 수출용으로 사용된 우유의 열처리 방식입니다. 거의 무균에 가까운 살균력을 보이며, 열처리 온도에 따라 우유의 영양 성분이 변화해 유청 단백질 · 비타민 · 칼슘 등이 몸에 흡수되기 어려운 상태로 되거나 감소하며, 가열에 의해 단백질이 타서 고소한 맛이 납니다.

찾아보기

어디에 어떤 내용이?